高等职业教育"十三五"规划教材（物联网应用技术系列）

# 无线传感器网络技术应用

主　编　常排排　綦志勇
副主编　向昕彦　闻　彬　关婷婷　顾家铭　张克斌
主　审　张红卫　罗保山　于继武　罗　炜

中国水利水电出版社
www.waterpub.com.cn
·北京·

## 内 容 提 要

本书面向希望初步了解基于 CC2530/2531 处理器的 ZigBee 节点开发到基本无线传感器网络搭建的读者，内容简练、结构规整、通俗易懂。书中绝大部分应用可使用通用开发节点实现，即无须使用与本书完全相同的节点硬件，只要求读者使用的节点硬件的核心处理器为 CC2530/2531 即可，因此读者在使用本书的时候无须考虑硬件节点配置不同的问题。本书内容和应用案例遵循循序渐进的原则，有利于教学与学生自学。

本书主要内容包括通用 I/O 的使用、外部中断、时钟源与定时器、串行通信、AD 转换、星型网络与应用、自组网与简单应用等。

本书可作为高职高专院校嵌入式与物联网技术等相关专业的教材和教学参考书，也可作为计算机爱好者的学习用书和自学参考书。

**图书在版编目（CIP）数据**

无线传感器网络技术应用 / 常排排，綦志勇主编
. -- 北京：中国水利水电出版社，2019.1
高等职业教育"十三五"规划教材. 物联网应用技术系列
ISBN 978-7-5170-7368-0

Ⅰ. ①无… Ⅱ. ①常… ②綦… Ⅲ. ①无线电通信－传感器－计算机网络－高等职业教育－教材 Ⅳ.
①TP212

中国版本图书馆CIP数据核字(2019)第016700号

策划编辑：周益丹　　责任编辑：张玉玲　　封面设计：梁 燕

| | |
|---|---|
| 书　名 | 高等职业教育"十三五"规划教材（物联网应用技术系列）<br>无线传感器网络技术应用<br>WUXIAN CHUANGANQI WANGLUO JISHU YINGYONG |
| 作　者 | 主　编　常排排　綦志勇<br>副主编　向昕彦　闻　彬　关婷婷　顾家铭　张克斌<br>主　审　张红卫　罗保山　于继武　罗　炜 |
| 出版发行 | 中国水利水电出版社<br>（北京市海淀区玉渊潭南路 1 号 D 座 100038）<br>网址：www.waterpub.com.cn<br>E-mail: mchannel@263.net（万水）<br>　　　　sales@waterpub.com.cn<br>电话：（010）68367658（营销中心）、82562819（万水） |
| 经　售 | 全国各地新华书店和相关出版物销售网点 |
| 排　版 | 北京万水电子信息有限公司 |
| 印　刷 | 三河航远印刷有限公司 |
| 规　格 | 184mm×260mm　16 开本　17.5 印张　392 千字 |
| 版　次 | 2019 年 1 月第 1 版　2019 年 1 月第 1 次印刷 |
| 印　数 | 0001—3000 册 |
| 定　价 | 46.00 元 |

凡购买我社图书，如有缺页、倒页、脱页的，本社营销中心负责调换
**版权所有·侵权必究**

# 前　言

无线传感器网络技术是目前物联网行业中处于基础地位的主要技术，目前国内高职高专类无线传感器网络及相关教材出版总体不多，并且在阐述无线传感器网络技术的时候很多教材都没有深入提及其基本节点的操作，当然也欠缺从基本节点操作到整个嵌入式节点联网全部过程的贯穿环节。

本书试图对从基本节点操作到无线传感器网络组建与实现的全部过程进行描述，淡化对传感器部分的细节操作以屏蔽传感器部分的操作差异性，重点关注无线传感器网络的基本节点操作和无线传感器网络的组网与建网操作，以此来使读者对无线传感器网络这种基于单片机联网的底层传感器网络有深刻的认识。

本书由常排排、綦志勇两位老师共同编写。张红卫、罗保山、于继武、罗炜四位院长抽出了宝贵的时间对本书进行了审阅。课程团队的向昕彦老师为本书做了大量细致的校对工作；黄崇新、闫应栋、尹江山、周雯、闻彬、关婷婷、顾家铭、张克斌、李向文、叶飞、龚丽、杨烨、张新华、余璐、鲁立、王彩梅、秦培煜、李志刚、李安邦等老师以及校企合作企业武汉武软微嵌科技有限公司的贺帅鹏、谢将军、陈果实、詹彬、刘权、丁为、王硕、徐海平，北京新大陆时代教育科技有限公司的范鸣、王毅，武汉中清龙图游戏有限公司的周江等同志为教材的建设提出了大量宝贵的意见和建议。中国水利水电出版社的有关负责同志对本书的出版给予了大力支持。在本书编写过程中作者参考了大量国内外计算机专业文献资料，其中重点参考了北京新大陆时代教育科技有限公司无线传感器网络试验箱的配套实验指导书《物联网无线传感器实训教程》，在此向这些著作者以及为本书出版付出辛勤劳动的同志表示感谢。

编　者
2018 年 11 月

# 目 录

前言

## 第1章 基础知识介绍 ................ 1
### 1.1 嵌入式系统开发基本规范 ................ 2
### 1.2 嵌入式软件开发过程 ................ 4
### 1.3 算法基本概念 ................ 5
### 1.4 开发环境与过程介绍 ................ 7
### 1.5 CC2531 处理器简介 ................ 23
### 1.6 本章小结 ................ 25

## 第2章 通用 I/O ................ 26
### 2.1 通用 I/O 部分基本原理 ................ 29
### 2.2 通用 I/O 部分基本操作过程 ................ 30
### 2.3 通用 I/O 操作示范 ................ 32
#### 2.3.1 算法设计与代码翻译 ................ 32
#### 2.3.2 创建工程、编译与调试 ................ 34
### 2.4 本章小结 ................ 46

## 第3章 外部中断 ................ 48
### 3.1 中断基本原理 ................ 50
### 3.2 外部中断部分基本操作过程 ................ 52
### 3.3 外部中断操作示范 ................ 53
#### 3.3.1 算法设计与代码翻译 ................ 53
#### 3.3.2 创建工程、编译与调试 ................ 56
### 3.4 本章小结 ................ 68

## 第4章 系统时钟源与定时器 ................ 70
### 4.1 系统时钟源与定时器基本原理 ................ 71
#### 4.1.1 时钟源 ................ 71
#### 4.1.2 定时器 ................ 74
### 4.2 系统时钟源与定时器部分基本操作过程 ................ 75
#### 4.2.1 系统时钟源操作过程 ................ 75
#### 4.2.2 定时器基本操作过程 ................ 76
### 4.3 系统时钟源与定时器操作示范 ................ 78
#### 4.3.1 算法设计与代码翻译 ................ 78
#### 4.3.2 创建工程、编译与调试 ................ 80

### 4.4 本章小结 ................ 92

## 第5章 串行通信 ................ 93
### 5.1 串行通信基本原理 ................ 96
### 5.2 串行通信部分基本操作过程 ................ 102
### 5.3 串行通信操作示范 ................ 106
#### 5.3.1 算法设计与代码翻译 ................ 106
#### 5.3.2 创建工程、编译与调试 ................ 110
### 5.4 本章小结 ................ 124

## 第6章 AD 转换 ................ 125
### 6.1 AD 转换部分介绍 ................ 127
### 6.2 AD 转换部分基本操作过程 ................ 128
### 6.3 AD 转换操作示范 ................ 130
#### 6.3.1 算法设计与代码翻译 ................ 131
#### 6.3.2 创建工程、编译与调试 ................ 136
### 6.4 本章小结 ................ 150

## 第7章 星型网络 ................ 151
### 7.1 点对点通信 ................ 152
#### 7.1.1 基本原理 ................ 152
#### 7.1.2 实际验证 ................ 156
### 7.2 无线串口 ................ 172
### 7.3 星型网络 ................ 179
### 7.4 本章小结 ................ 183

## 第8章 自组网 ................ 185
### 8.1 Z-STACK 协议栈简介 ................ 189
### 8.2 自组网初步 ................ 199
### 8.3 基于 Z-STACK 例子的简单点对点通信 ................ 205
### 8.4 基于 Z-STACK 例子的自组网 ................ 214
### 8.5 本章小结 ................ 274

## 参考文献 ................ 276

# 第 1 章

# 基础知识介绍

## 1.1 嵌入式系统开发基本规范

本项目规范更多是指文档性的内容与一些要求，对项目的管理规范不作过分评价。在一个嵌入式系统开发过程中，项目规范是非常重要的内容。项目规范大体类似于系统开发、软件开发的项目规范，但是增加了嵌入式系统的一些特点。一般而言，这类系统开发均需要经过需求分析、系统分析、系统设计、系统实现、系统测试与试运行、系统评估等几个典型阶段。考虑到目前嵌入式和物联网行业的专业分工程度与专科层次学生的特点，这里给出一些经过修改的项目规范，使得这种规范更加符合目前行业的细分情况，供读者参考。

### 1．嵌入式系统项目规范简介

嵌入式系统项目规范是以一个系统开发的全过程为主要线索，在此过程中形成的需求文档、设计图纸、软件算法文档、源代码、可运行文件、连线说明、使用说明、讲解文件等一系列文件。一个典型的小型项目规范文档打包内容如图1-1所示。

```
1：系统需求分析阶段
2：系统需求建模阶段
3：系统需求描述阶段
4：需求、环境与实施的候选方案评估阶段
5：系统设计阶段
6：设计方法阶段
7：数据库设计阶段
8：用户界面设计阶段
9：系统界面、控制和安全设计阶段
10：系统可操作化优化阶段
11：系统试运行阶段
12：其他有关文档：会议记录、维护记录、更新版本记录
```

图1-1 小型项目规范文档包图

这里提到的项目规范不是绝对的，仅为参考意见。本书将这种规范作为后续章节中每个小任务的项目规范。

在实际嵌入式系统开发过程中，关于项目规范问题依照各个公司的规定会有所区别，但是不能没有规范。举个典型的例子，某嵌入式工程师为甲公司完成了某个项目中的一部分，后因某种原因离职。为了顶替其职位该公司又招聘了一个工程师，新进的工程师如果需要继续开发原项目则需要查阅原来工程师留下的资料，如果资料混乱或是缺失则会严重影响该项目进度，更恶劣的情况是原来的工作可能需要推翻重来。因此，重视项目规范对系统的进度、质量等都可起到保证作用。

### 2．教材要求的嵌入式系统项目规范说明

嵌入式系统设计规范区别于其他设计规范的要点在设计目标上，这是由嵌入式系统设计的时候是软硬件结合，并且使用条件受限造成的。本书在嵌入式系统设计的时候一般遵

循下述设计规范,并且在后续章节中均使用这种规范。目前本书定义的规范包含 10 类相关文件,下面就对这种规范以及相关的文件进行简要描述。

(1)问题描述文档(需求分析文档或任务发布文档)。问题描述文档实际上应该是需求分析文档,这份文档通常由系统研发人员陪同销售人员通过客户沟通完成的。在很多正规的大型公司,前期需求分析有专门的岗位与职业,由需求分析人员完成。问题描述文档在一般具有研发能力的公司当中通常为规范的需求分析文档,这里无论是软件公司还是硬件公司,都应该有某个项目的完整的需求分析文档。

【说明】本书中的问题描述文档由教师编辑并直接发布,作为项目任务使用。

(2)系统分析文档。系统分析文档为对需求分析文档中要求功能的详细分析,并对完成需求分析所要求的功能进行系统分析,希望找出未来系统应该完成到什么样。更具体一点就是针对嵌入式系统开发而言,硬件应该达到什么功能,软件应该达到什么功能,这两点必须在系统分析文档中进行清晰的描述。

(3)硬件原理图文档。硬件原理图是对经过系统分析之后提炼出来的硬件功能进行的硬件设计工作,这部分必须保证硬件功能能够完全实现。并且在保证成本大体不变化的前提下,还需要有一定的扩展能力以防止未来某些隐含功能上的要求。

(4)硬件 PCB 文档。实现该硬件设计的电路制版文件。PCB 文件主要考虑电路板的机械结构、元器件布局、电路的布线、接口的易用性、EMC(电器兼容性)设计等有关内容,并最终送到工厂进行实物制版。制作好的电路板还需要进行元器件焊接和初步测试等有关工作。

(5)软件算法设计文档。软件算法设计文档在大型项目中应当是软件系统分析文档。由于本书主要考虑小模块,因此这个文档就是算法设计文档。算法设计文档的主要作用是为了分析软件功能,完成软件为了实现该功能并且符合计算机解决的步骤顺序。

(6)软件源代码。对软件算法设计文档的实现部分,在嵌入式系统当中,这个源代码通常是在硬件基本没有问题的前提下进行逐步调试,最终确保功能满足要求且软件系统运行正常的前提下所对应的源代码。

(7)系统硬件连接图文档。该文档通常是一张连线图,并附有连线说明。该文档的作用是让后续接手工作的人员快速对硬件进行连线,并测试其基本工作状态,属于研发文档的一种。

(8)系统测试文档。系统测试文档分为硬件测试文档和软件测试文档两个部分。硬件测试文档主要强调从制版开始到焊接结束的全部测试内容,主要强调测试硬件是否存在某些显著的设计故障,例如短路、断路、虚焊等问题的测试过程与文档记录。软件测试文档是对于嵌入式系统而言的软件设计,通过何种测试用例来测试软件的基本功能、性能等指标的文档记录。

(9)使用说明书。对于设计与实现的嵌入式系统,需要进行其使用方法的描述,本文档起到了使用说明的作用。

(10)讲解用 PPT。很多公司不是特别重视讲解用 PPT 类文档,但是这类文档在设计思想、设计方法、技术交流、用户培训等过程中是必不可少的。

嵌入式系统在开发的过程中，通常依照各个公司的不同规范来进行操作。一般而言，公司的项目规范都是参照图1-1所示的类似项目规范来进行的。本节不着重强调系统开发中的规范问题，只是希望读者初步了解公司性质的开发是一种比较严格与规范的过程，公司规模越大，其项目开发过程中的文档也越规范。

## 1.2 嵌入式软件开发过程

在嵌入式系统开发过程中，除了遵守一定的规范之外还有必要的系统开发过程，尤其是小规模开发过程当中。这里"小规模"实际上是指基于单片机的项目开发。本节简述的嵌入式系统开发过程主要是指基于单片机的开发过程，重点介绍嵌入式软件开发过程，这个过程指导了本书基础篇部分知识的讨论。小规模的嵌入式软件系统开发通常遵循如下几个比较标准的过程：

第一步：深入学习原理图，了解PCB图。
第二步：深入学习器件手册。
第三步：根据器件手册编写软件算法。
第四步：创建工程，编写软件代码。
第五步：调试与试运行代码。

这里对上述五个基本步骤进行说明。注意，第三步与第四步的先后次序并不重要。

### 1. 深入学习原理图，了解PCB图

原理图是整个嵌入式硬件的重要指导文档。该文档明确了处理器连接的外部器件有哪些，是以何种方式进行连接的。这里，通过连接何种器件以及何种连接方式，我们可以简要分析这样连接到处理器的时候，处理器获取的是何种数据：串行数据还是并行数据。

### 2. 深入学习器件手册

器件手册决定了如何操作这个器件，比如处理器、集成块芯片等。器件手册读者完全可以理解为使用说明书，并且器件手册就是器件的使用说明书。区别只是一般的说明书是直接使用，而器件手册这种"说明书"需要你通过编程来使用这个器件。

### 3. 根据器件手册编写软件算法

既然涉及编程，那么应当如何去编程？这里需要根据深入学习器件手册来找到编程中要使用到的编程思路与过程。这个编程思路就是软件编写的前提条件，实际上就是编程的算法。注意到这个算法不是无中生有的，它是来自于对器件手册的深入学习和对器件手册的高度熟悉；读者在慢慢积累嵌入式软件开发的经验过程中，不断深入了解器件手册，逐步掌握在器件手册中找到的编程过程的方法，并能将这些过程编写成一些比较合适的算法，以便后续进行代码的编写。

### 4．创建工程，编写软件代码

该过程是嵌入式开发的必要过程，创建基本的嵌入式软件开发工程、配置工程、依据前面编写的算法编写应用软件的算法，最后将算法"翻译"成软件代码。

### 5．调试与试运行代码

建立工程并编写完软件之后，需要对软件进行调试，并在嵌入式系统板电路上运行该代码，以确定应用功能的实现。

## 1.3 算法基本概念

算法通常被定义为"解题方案的准确而完整的描述，是一系列解决问题的清晰指令，算法代表着用系统的方法描述解决问题的策略机制。"实际上，可以简单地将算法理解为：算法就是为了能够使用计算机语言编程来解决问题的步骤。这里，算法在实际应用上有如下几个关键特征：

（1）必须保证能够解决问题。

（2）必须是一系列步骤。

（3）必须能够通过某种方式转变为计算机程序。

一般学术界定义算法的关键特征有五个：有穷、确定、可行、有输入、有输出。我们认为在确保能解决问题的前提下，算法的核心目标有两个：一个是确定解决问题的方法，这个方法最终转变为具有先后次序的流程；另一个是要能够转化为程序，这是因为算法所确定的流程最终需要用计算机程序语言来实现，并且由计算机执行由算法确定的思路以解决问题。

由上述关键特征可见，在编写任何程序之前应该先确定"思路"，这个思路就是算法。下面首先对如何表达算法抛砖引玉。

是否能够正确编写一个算法，决定了后面编写的程序是否正确。但是掌握算法的设计相对比较难，这是由于算法设计需要两方面的知识：一个是能够找到一个解决问题的方法，另一个是该方法能够使用计算机语言描述。

【要点】对于设计算法需要掌握的两方面知识而言：

（1）找到解决问题的方法：基本上只要清楚地了解问题是什么，多数人都能找到方法，只是方法好不好的问题（算法的优劣）。

（2）能够使用计算机语言描述：这个相对"找到解决问题的方法"而言难得多，因为必须对计算机运行过程、内存逻辑架构等有所了解。从满足程序设计角度而言，尤其需要掌握内存的逻辑结构。

下面通过一个简单的例子来说明算法的设计方法。我们的例子定义为一个"问题"。

问题：求圆的面积。

初步分析：实际上，要求计算机帮助我们解决问题的时候，首先需要考虑到计算机的特性——事情是一步一步来完成的（即程序是一条一条执行的）。

求圆的面积首先需要知道圆的半径，因此第一步就是给出圆的半径；然后就用已知的半径计算 $\pi r^2$ 值；最后这一步尤其重要：显示到屏幕上（这一步很关键，如果你不告诉计算机显示到屏幕上，计算机将什么都不做，那么计算的结果就不知道是什么）。

整理：经过分析，我们整理初步的算法如下：

第一步：给出圆的半径 r。

第二步：计算 $\pi r^2$ 值。

第三步：显示计算的结果。

深入分析：

问题1：计算机如果运行程序，用户是不是知道他到底要做什么？也就是说，用户用你的软件的时候，你应该有个提示之类的信息，用于引导用户去使用你的软件。那么这里用户要做的只是给出 r 值。

问题2：初步算法的三个步骤是很清楚的，不能先计算 $\pi r^2$ 值，这是由于不知道 r 是多少。因此，第一步与第二步之间是有明确的先后顺序的。当然也不能先显示结果，因为还没算出来。通常的错误算法如图 1-2 所示的两种写法。

```
第一步：计算 πr²              第一步：输入 r 值
第二步：输入 r 值             第二步：输出结果
第三步：输出结果              第三步：计算 πr²
```

图 1-2  常见错误算法示例

问题3：怎么输入 r 值？这个问题就需要知道一点计算机知识。显然是使用键盘输入。因此第一步更精确的算法是：使用键盘输入 r 值。

问题4：计算 $\pi r^2$ 值。这里很容易出错，原因是计算的结果通常需要保存。而如果仅仅是计算，则结果算完之后直接被丢弃了。也就是说，计算机计算的结果是临时的，要么使用临时结果，要么保存计算结果。因此第二步更精确的算法是：保存 $\pi r^2$ 的计算结果。最终算法如图 1-3 所示。

```
第一步：提示用户输入半径 r
第二步：从键盘输入半径 r
第三步：计算 πr²，并保存结果
第四步：显示该结果
```

图 1-3  详细算法示例

至此，一个精确的算法已经完成，并且只要对某种计算机语言比较清楚（除了汇编这种非常底层的语言之外），通常很容易写出程序。

【故事】很多学生在见到这个问题的时候都认为很简单,通常会问:"这个不就是 $\pi r^2$ 吗？这个很简单啊，只需要知道 r 我就可以大概心算出结果了，干嘛要计算机编程来算？" 看上去的确是这样，但是如果应用要求连续计算 10000000000 个不同半径 r 的圆的面积，或者是要求计算 r=123.1234567788 时候的圆的精确面积，我想这个提问的学生估计不会去心算了。计算机尤其能解决规模与精确度问题,这是计算机延伸人脑智力的典型表现,也是人类在极短时间之内无法完成的问题。

## 1.4 开发环境与过程介绍

本书采用的开发环境是 IAR Embedded Workbench 4.5,启动后的界面如图 1-4 所示。

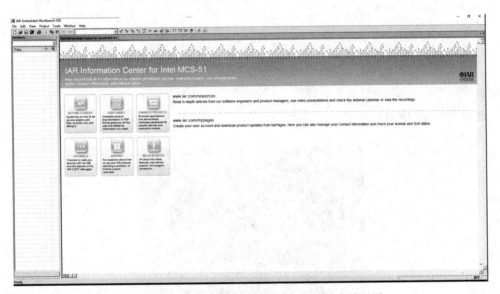

图 1-4 IAR Embedded Workbench 4.5 软件启动界面

下面用一个简单的例子来让读者初步体验整个开发的过程。这个例子的目标是:让开发板上的四个 LED 灯闪烁。

【IAR 环境下 CC2531 单片机开发的基本步骤】

第一步:连接开发板。

第二步:启动 IAR 开发环境。

第三步:新建文件夹。

第四步:在 IAR 中创建工程。

第五步:配置工程。

第六步:输入 C 代码。

第七步:编译与调试。

第八步:试运行,观察运行效果。

下面就依照上面的步骤来一步一步引导读者开始完成一个简单的基础实验过程,以初步对这个可操作的过程产生印象,并在后续章节中进行使用。

第一步:连接开发板。

连接开发板的时候,将 USB 线连接到 SmartRF04EB 仿真器,USB 线另外一头连接到计算机：SmartRF04EB 仿真器输出线输出的是一个标准 JTAG/ISP、10PIN（10 针）的接口，接口定义如图 1-5 所示。

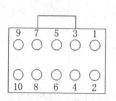

| 引脚编号 | 引脚名称 |
| --- | --- |
| 1 | GND |
| 2 | VCC |
| 3 | DC |
| 4 | DD |
| 5 | CSN |
| 6 | SCK |
| 7 | RESET |
| 8 | MOSI |
| 9 | MISO |
| 10 | NC |

图 1-5　TAG 调试接口定义

连接实物图如图 1-6 所示。

图 1-6　连接实物图

第二步：启动 IAR 开发环境。启动 IAR 集成开发环境如图 1-4 所示。

在 IAR 集成开发环境中主要有三个部分：Workspace（工作空间）部分、工具栏部分和编辑器部分，如图 1-7 至图 1-9 所示。

图 1-7　Workspace 部分

图 1-8　工具栏部分

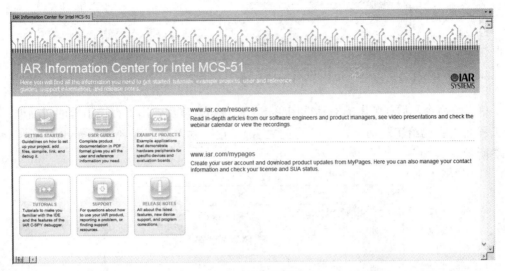

图 1-9　编辑器部分

第三步：新建文件夹。

在计算机中任意找一个盘，例如 D 盘，在根目录下面建立一个文件夹，用于存储创建工程文件中生成的全部文件。我们创建的文件夹名称为 myWorkSpace，如图 1-10 所示。

图 1-10　创建 myWorkSpace 文件夹

第四步：在 IAR 中创建工程。

创建完文件夹之后，需要创建 IAR 工程，以便后续进行程序设计工作。注意创建工程的目标是：写代码，调试硬件。

单击 Project → Create New Project，如图 1-11 所示。

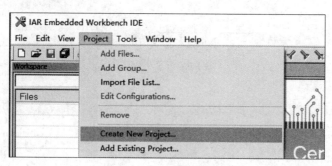

图 1-11　创建工程命令

单击该命令之后在弹出的对话框中单击 OK 按钮，然后弹出保存该工程的对话框，输入工程名（自己给工程命名，一般用英文名），我们输入的工程名称为 myProject，如图 1-12 所示。

图 1-12　保存工程并命名

单击"保存"按钮来保存工程，完成之后在左边的 Workspace 中会出现我们刚才命名的工程，如图 1-13 所示。

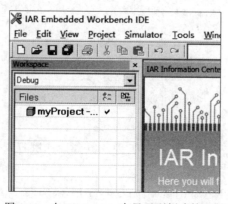

图 1-13　在 Workspace 中显示刚创建的工程

下面需要创建一个空的 C 文档，以便后续在该 C 文档中编写代码控制 CC2531 节点硬件。单击 File → New → File 命令创建一个空的编辑文档，如图 1-14 所示。

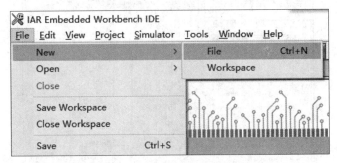

图 1-14　创建空白文档命令

在打开的空文档中按 Ctrl+S 组合键保存当前打开的文档，注意后缀名为 .c。我们命名为 testLed.c，如图 1-15 所示。

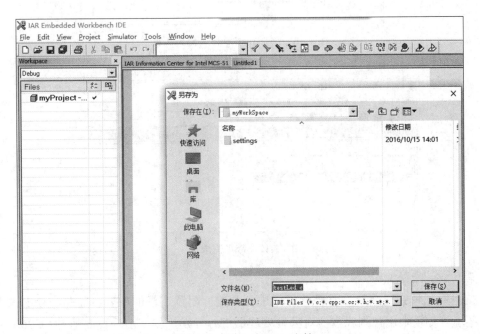

图 1-15　保存 testLed.c 文档

保存后在左边 Workspace 下面 Files 中的 myProject 行上右击，添加 testLed.c 文档到工程，操作如图 1-16 所示。

添加 C 文件到 myProject 工程之后如图 1-17 所示。

注意到图 1-17 中的工程里面 Output 文件夹是当添加 testLed.c 文件之后自动产生的。

最后，单击 File → Save Workspace 命令保存工作空间。这里工作空间命名为 myWorkspace。

读者在后续章节中创建工程的时候完全依照本节的过程来操作，操作过程完全一样，只是工作空间名、工程名、文件名是由读者自己确定的。

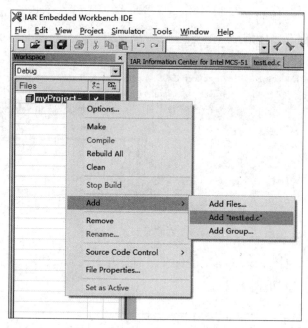

图 1-16　添加 testLed.c 文档到工程

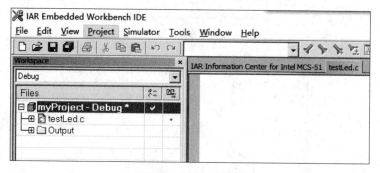

图 1-17　添加完成图

第五步：配置工程。

在创建工程完成之后，需要对工程进行配置。配置工程的主要目的是，让 IAR 集成开发环境"知道"用户到底需要对哪种处理器进行开发工作。由于我们是对 CC2531 处理器进行开发工作，因此配置工程的目标是使得当前工程能够配合开发 CC2531 节点。

工程配置的主要内容为三个项目：General Options（一般选项）、Linker（连接器）、Debugger（调试器）。

在图 1-17 的 myProject 高亮行上右击并选择 Options 选项，如图 1-18 所示。

在弹出的工程配置窗口中，需要配置的项目有三类：General Options（一般选项）、Linker（连接器）、Debugger（调试器）。

（1）General Options（一般选项）配置。

单击 General Options（一般选项），在 General Options（一般选项）选项卡中需要配置三个标签：Target（目标，指针对哪种处理器）、Data Pointer（数据指针）、Stack/Heap（堆/栈）。三个标签的详细配置如下：

1）Target 配置。

单击 Device information（设备信息）中 Device: 行右侧的 按钮，弹出设备选择型号对话框，如图 1-19 所示。

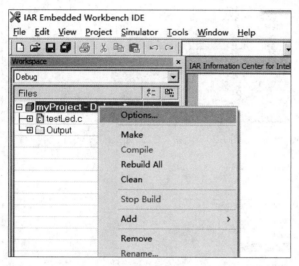

图 1-18　在 myProject 行上右击并选择 Options 选项

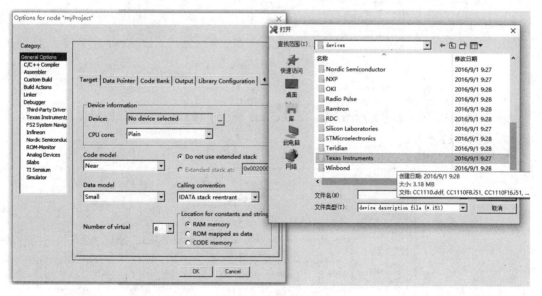

图 1-19　配置 Target

在打开的设备信息对话框中单击 Texas Instruments（德州仪器公司）文件夹，如图 1-19 右侧所示。选中 CC2531F256.i51 文件，单击"打开"按钮，如图 1-20 所示。

图 1-20　选中 CC2531F256.i51 芯片

配置完成之后如图 1-21 所示。

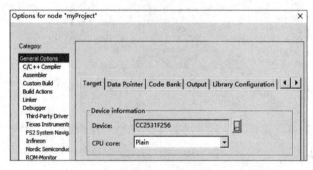

图 1-21　配置完成图

2）Linker 配置。

单击 Data Pointer 标签进行配置，在 Number of DPTRs 中选择 1，即只使用一个数据指针，如图 1-22 所示。

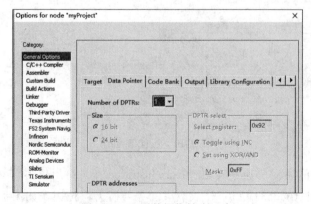

图 1-22　配置数据指针为一个

3）Debugger 配置。

配置 Stack/Heap（堆/栈）标签，配置参数如图 1-23 所示。

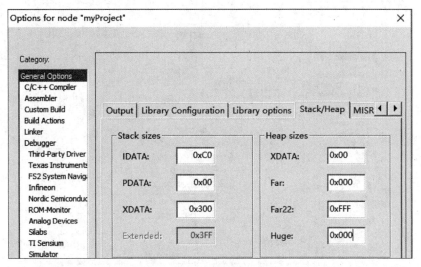

图 1-23　堆栈配置参数

具体的堆栈配置参数如表 1-1 所示。

表 1-1　堆栈配置参数

| Stack sizes | | Heap sizes | |
| --- | --- | --- | --- |
| IDATA | 0xC0 | XDATA | 0x00 |
| PDATA | 0x00 | Far | 0x000 |
| XDATA | 0x300 | Far22 | 0xFFF |
| | | Huge | 0x000 |

至此，Target 配置项目部分完成。

（2）Linker 连接器的配置。

Linker（连接器）部分的配置也有三个标签：Output、Extra Output、Config。

1）Output（输出）标签。单击 Output 标签，在 Allow C-SPY-specific extra output file 前面的框中打钩（单击一下该框即可打钩），意思是允许 C 语言指定监控附加输出文件，如图 1-24 所示。

2）Extra Output（附加输出）标签。单击 Extra Output 标签，在 Generate extra output file 前面的框中打钩，意思是产生附加的输出文件。选中该项目后，在编译成功之后会自动产生可以被 CC2531 处理器识别的 HEX 可执行文件。并且在下方的 Output file 内的 Override default 前面打钩，并将文件名的后缀 .sim 改成 .hex。配置过程如图 1-25 所示。

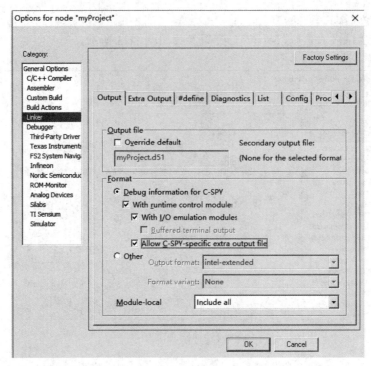

图 1-24　选中 Allow C-SPY-specific extra output file 复选框

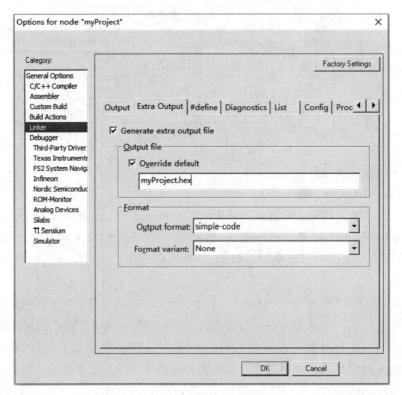

图 1-25　配置附加输出文件

3）Config（配置）标签。单击 Config 标签，在 Linker command file（连接器命令文件）项目下面的 Override default（改写默认值）前面的框中打钩并单击下面的按钮，重新定位 Linker command file 到目录：D:\Program Files (x86)\IAR Systems\Embedded Workbench 4.5\8051\config\ 下面的 lnk51ew_cc2531.xcl 文件。这个操作很容易被初学者混淆。操作的时候只有一个要点：单击按钮之后，再单击两次"向上"的按钮，就会定位到 Config 目录下面。Config 目录下面的 lnk51ew_cc2531.xcl 文件如图 1-26 所示。

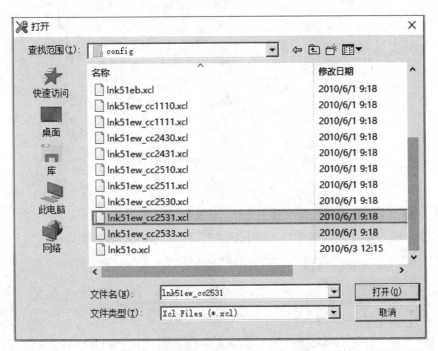

图 1-26  Config 目录下的 lnk51ew_cc2531.xcl 文件

> 📢 **注意**：
> 作者的计算机将 IAR 集成开发环境安装到了 D 盘 Program Files (x86) 目录下。读者在操作的时候，单击了按钮之后，只需要再单击两次"向上"按钮就可以定位到该目录下。请读者注意，一定要是 config 目录下面的 lnk51ew_cc2531.xcl 文件，而不是 D:\Program Files (x86)\IAR Systems\Embedded Workbench 4.5\8051\config\devices\Texas Instruments\。

单击"打开"按钮完成 Config 部分的配置。

（3）Debugger（调试）配置。在 Debugger 中仅有 Driver（驱动）一项需要配置，单击 Driver 下拉列表框，选中 Texas Instruments（德州仪器公司），表示使用德州仪器公司提供的实际硬件作为驱动程序，如图 1-27 所示。

无线传感器网络技术应用

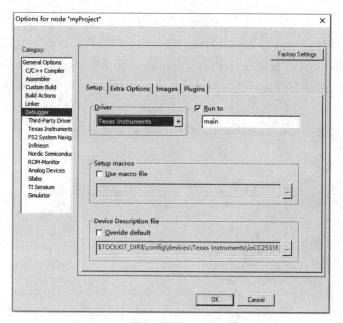

图 1-27 选中德州仪器公司的实际驱动

至此，整个工程的配置全部完成。

第六步：输入 C 代码。下面给出的代码实现了一个 LED 闪烁的功能。

```
/*----------------------------------------------------------------*/
/* --- 武汉软件工程职业学院 ------------------------------------*/
/* --- Web：www.whvcse.com -------------------------------------*/
/* --- 计算机学院嵌入式系统工程专业 / 物联网专业 ---------------*/
/* --- 代码功能：实现节点电路板上四个 LED 闪烁                */
/* --- 作者：Guitist.GT                                         */
/* --- 时间：2016.10.15                                         */
/*----------------------------------------------------------------*/
#include <iocc2531.h>

#define LED1 P1_2
#define LED2 P1_1
#define LED3 P1_4
#define LED4 P1_3

void delay (int n);    // 延时函数
void initial (void);   // 初始化函数

/*---------------------- 主函数部分 ----------------------*/
void main (void)
{
    initial();

    while(1)
```

18

```
    {
        LED1 = 1;           // 点亮四个 LED
        LED2 = 1;
        LED3 = 1;
        LED4 = 1;
        delay(20000);       // 延时一段时间
        LED1 = 0;           // 关闭四个 LED
        LED2 = 0;
        LED3 = 0;
        LED4 = 0;
        delay(20000);       // 延时一段时间
    }
}

/*------------------------ 子函数部分 ---------------------*/
// 函数名称：delay
// 入口参数：n，n 表示循环次数
// 出口参数：无
// 函数功能：使用循环的软件延时函数，循环次数由 n 决定
void  delay (int  n)
{
    int i=n;

    while(--i>0);
}

// 函数名称：initial
// 入口参数：无
// 出口参数：无
// 函数功能：初始化要使用的四个 LED
void  initial  (void)
{

    P1SEL &= 0XE4       // 选中 P1_4、P1_3、P1_2、P1_1 为普通 IO 口，0 为 IO 口，1 为外设功能
    P1DIR |= ~0XE4;     // 方向设置为输出，P1DIR 为 P1 端口的方向寄存器
                        //0：I/O 引脚输入模式；1：I/O 引脚输出模式
    LED1 = 0;           // 熄灭四个 LED
    LED2 = 0;
    LED3 = 0;
    LED4 = 0;
}
```

输入完成之后如图 1-28 所示。

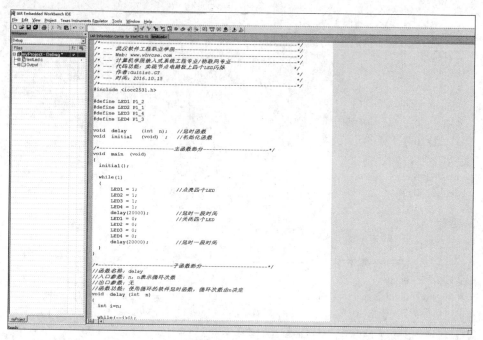

图1-28 输入代码

第七步：编译与调试。

代码输入完成之后，单击"编译"按钮编译源代码，编译命令如图1-29所示。

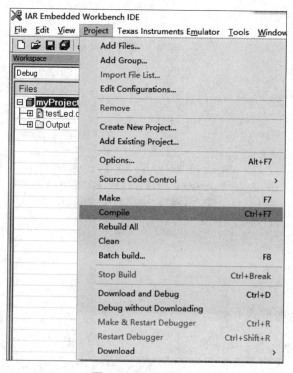

图1-29 编译源代码

编译结果在下面的 Messages 栏（输出信息栏）中显示，本次编译的结果如图 1-30 所示。

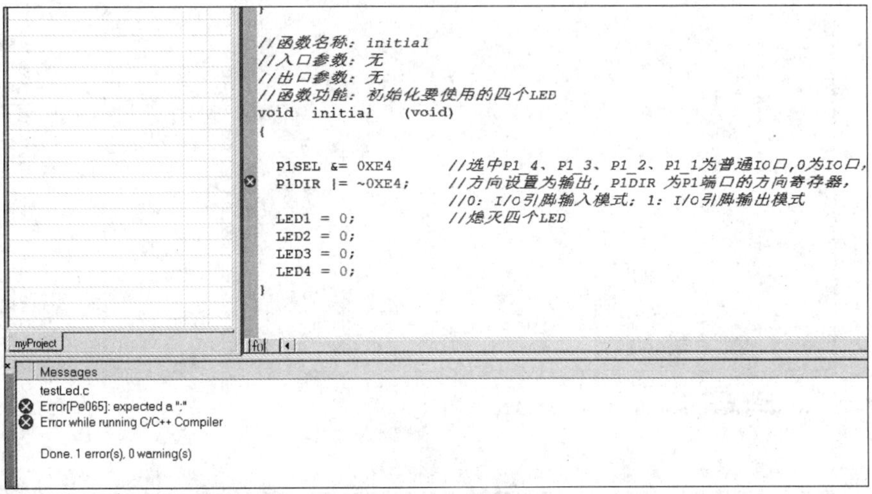

图 1-30　编译结果

从编译结果来看，显然是说有个错误，而且出现错误的行前面出现了一个带圈的叉。我们看代码发现，叉上面的一行代码：

P1SEL &= 0XE4

缺少一个分号，添加分号之后编译通过，读者可以自行尝试并熟悉一下这些操作。

第八步：试运行，观察运行效果。

修改错误，编译完成之后，单击向右的绿色箭头下载可执行代码到开发板，启动调试与试运行过程。该按钮的作用是 Download and Debug（下载与调试），如图 1-31 所示。

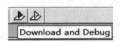

图 1-31　"下载与调试"按钮

下载过程中弹出下载过程进度条，如图 1-32 所示。

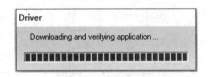

图 1-32　下载进度条

下载结束后，转到调试界面。IAR 集成开发环境的调试界面如图 1-33 所示。

在调试界面中单击 按钮启动全速运行过程，如图 1-34 所示。

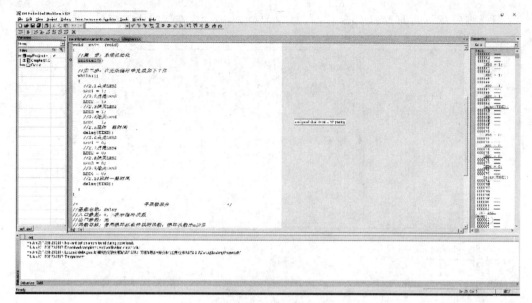

图 1-33　调试界面

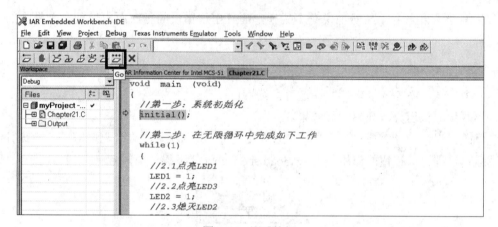

图 1-34　调试按钮

最终的运行结果是：节点板上的四个 LED 灯同时闪烁。如果读者完全依照本节的步骤去完成，则应当能正确获得运行结果。

> **注意：**
> 在单击"下载与调试"按钮的过程中有时候可能会连不上仿真器（SmartRF04EB 设备），那么会弹出如图 1-35 所示的界面。

这表示在 Target selection（设备选择）框中没有找到设备，那么只能单击 Cancel（取消）按钮，然后在后续的对话框中继续单击"确定"按钮。IAR 集成开发环境会不厌其烦地提示用户没找到调试的硬件，用户只需一路取消即可。然后将 USB 线重新拔插，等 Windows 系统找到设备之后重新在 IAR 集成开发环境中再次单击"下载与调试"按钮。

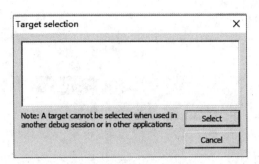

图 1-35　设备连接不成功

## 1.5　CC2531 处理器简介

在 1.4 节中详细说明了如何进行一次开发过程。本书的开发过程对应的主要目标是 CC2531 处理器，当然读者如果采用其他的处理器也可以类似处理，只是配置的参数不同而已。例如使用飞思卡尔（Freescale）的 MC13224 芯片、Atmel 公司的 Link-23X、Jennic 公司的 JN5148、EMBER 公司的 EM260 等。当然读者应当明白，并非所有公司开发的芯片都可以用 IAR 开发环境进行开发，可能其他公司推荐的开发环境并不是 IAR 集成开发环境，只是我们的目标处理器 CC2531 一般而言可以使用 IAR 集成开发环境而已。下面对本书的目标处理器 CC2531 进行简单介绍。

【说明】本节下面的内容完全来自于德州仪器公司的 CC253x 系列芯片器件手册。

（1）描述。

CC2530 是用于 IEEE 802.15.4、ZigBee 和 RF4CE 应用的一个真正的片上系统（SoC）解决方案。它能够以非常低的总的材料成本建立强大的网络节点。CC2530 结合了领先的 RF 收发器的优良性能、业界标准的增强型 8051 CPU、系统内可编程闪存、8KB RAM 和许多其他强大的功能。CC2531 有四种不同的闪存版本：CC2531F32/64/128/256，分别具有 32/64/128/256KB 的闪存。CC2531 具有不同的运行模式，使得它尤其适应超低功耗要求的系统。运行模式之间的转换时间短进一步确保了低能源消耗。CC2531F256 结合了德州仪器业界领先的黄金单元 ZigBee 协议栈（Z-Stack），提供了一个强大和完整的 ZigBee 解决方案。

（2）器件手册上的内部结构框图（如图 1-36 所示）。

（3）器件手册内容目录：图 1-37 显示了 CC253x 器件手册的主要目录。

（4）器件手册、应用案例的查询。

由于篇幅问题，这里无法给出全部的器件手册内容，如果读者需要更加详细的内容，则需要登录 TI 公司的官方网站下载其官方的器件手册。该手册的下载链接为：

http://www.ti.com.cn/product/cn/CC2531/technicaldocuments?keyMatch=cc2531&tisearch =Search-CN-TechDocs

在上述链接中还有 TI 公司给出的很多应用案例供读者参考，包含评估板的原理图与 PCB 设计，以及天线设计方案等众多基于 CC2531 的设计内容。另外，考虑到官方器件手册为英文版，因此英文稍差的读者也可以在百度上搜索有对应翻译的中文手册使用。教材的附件中给出了对应的中文与英文手册。

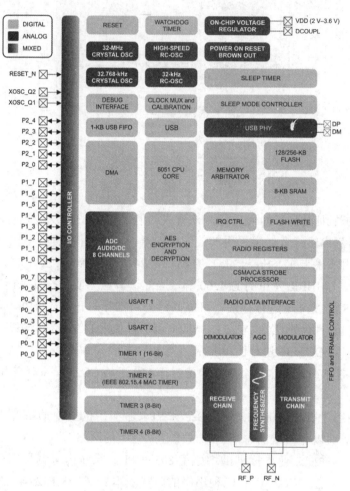

图 1-36　CC2531 内部结构框图

图 1-37　器件手册内容目录

## 1.6 本章小结

本章对课程所需的基本问题作出了简要介绍，其中：

1.1 节介绍了物联网中嵌入式开发部分所需的基本规范问题，希望读者对这一基本项目规范有初步印象。

1.2 节介绍了嵌入式软件开发基本流程，尤其是小规模嵌入式开发的基本性流程，并重点说明了嵌入式软件开发过程中有别于纯粹软件开发的区别。

1.3 节介绍了写代码之前算法的基本概念，很多读者在编写代码的时候首先并不打算编写一个算法，事实上很多人由于不愿意或是懒于编写算法，导致了代码的多次无谓的修改。所以在后续的章节当中，我们逐步引入基于算法的程序设计方法，并希望读者掌握和进一步优化该方法，以便于能够胜任自己的嵌入式软件设计工作。

1.4 节是本章的重点，这一节重点介绍了工程建立、工程配置、编写代码与调试下载的全部过程。这个过程在后续章节中几乎每个章节都要使用，所以请读者务必清楚与熟练地掌握，可以多练习几遍，熟能生巧。

1.5 节简要概述了 CC2531 的基本概况。这部分在 TI 公司的 CC253x 系列的器件手册中有详细的描述，本节的作用只是给出其中很少的一部分，以供读者初步体验，在后续的章节中将详细描述 CC2531 处理器部分内部模块的详细性操作方法与操作过程。

在后续章节当中，器件手册尤其重要。在写代码之前都需要对器件手册进行深入研究，从中提炼出待代码的算法流程，然后在进入编码的过程。请读者注意：代码并不重要，器件的用法与如何使用器件（算法流程）更为重要。后续章节当中，尤其是基础篇的基本节点技术当中，我们将详细介绍该方法；并且本书将引入计算机技术中的一些重要的软件技术要点，以帮助读者在后续工作中将这些细节的成熟设计用于自己的开发过程中。

练习：请同学们自行总结开发过程当中的配置过程，并将其写成一份总结性文档。

# 第 2 章

# 通用 I/O

在百度百科中输入"I/O 端口"会出现如下一段对 I/O 端口的解释:"CPU 与外部设备、存储器的连接和数据交换都需要通过接口设备来实现,前者被称为 I/O 接口,而后者则被称为存储器接口。存储器通常在 CPU 的同步控制下工作,接口电路比较简单;而 I/O 设备品种繁多,其相应的接口电路也各不相同,因此,习惯上说到接口只是指 I/O 接口。"

I/O 端口在 CC2531 中是 CC2531 的内核(CC2531 是 51 内核)与外部设备之间进行连接的接口部件。在 CC253x 系列的器件手册中我们可以初步了解 I/O 端口的基本情况:CC2531 有 21 个数字输入/输出引脚,可以配置为通用数字 I/O 或外设 I/O 信号,配置为连接到 ADC、定时器或 USART 外设。这些 I/O 口的用途可以通过一系列寄存器配置,由用户软件加以实现。

I/O 端口具有如下重要特性:
- 21 个数字 I/O 引脚。
- 可以配置为通用 I/O 或外部设备 I/O。
- 输入口具有上拉或下拉能力。
- 具有外部中断能力。

21 个 I/O 引脚都可以用作外部中断源输入口,因此如果需要外部设备可以产生中断,外部中断功能也可以从睡眠模式唤醒设备。

器件手册中,对 CC253x 的 I/O 端口的基本介绍有如图 2-1 所示的几种(中英文器件手册对照)。

| 标题 | 页 |
|---|---|
| 7.1 未使用的 I/O 引脚 | 72 |
| 7.2 低 I/O 电压 | 72 |
| 7.3 通用 I/O | 72 |
| 7.4 通用 I/O 中断 | 72 |
| 7.5 通用 I/O DMA | 73 |
| 7.6 外设 I/O | 73 |
| 7.7 调试接口 | 76 |
| 7.8 32 kHz XOSC 输入 | 76 |
| 7.9 无线测试输出信号 | 76 |
| 7.10 掉电信号 MUX (PMUX) | 76 |
| 7.11 I/O 寄存器 | 76 |

| Topic | Page |
|---|---|
| 7.1 Unused I/O Pins | 79 |
| 7.2 Low I/O Supply Voltage | 79 |
| 7.3 General-Purpose I/O | 79 |
| 7.4 General-Purpose I/O Interrupts | 79 |
| 7.5 General-Purpose I/O DMA | 80 |
| 7.6 Peripheral I/O | 80 |
| 7.7 Debug Interface | 83 |
| 7.8 32-kHz XOSC Input | 83 |
| 7.9 Radio Test Output Signals | 84 |
| 7.10 Power-Down Signal MUX (PMUX) | 84 |
| 7.11 I/O Registers | 84 |

图 2-1 器件手册中对 CC253x 的 I/O 端口的介绍

而且，在 CC253x 系列芯片的内部结构图（如图 2-2 所示）中可以大致上对 I/O 的操作进行"猜测"。

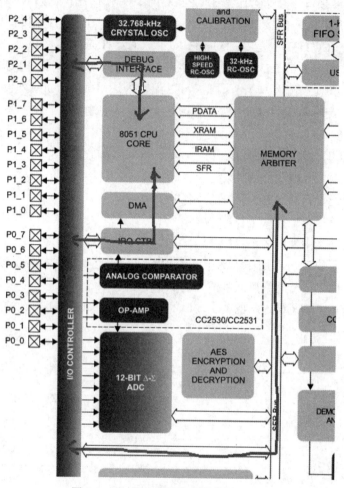

图 2-2　I/O 端口部件连接结构图

在图 2-2 中，我们手绘了三个箭头，大致上 I/O 端口控制器（图中的 I/O CONTROLLER）可以通过这三种渠道"直接"与 8051 内核进行沟通。读者可以初步这样理解。下面我们就来依据实际的电路图设计进行 I/O 操作。注意到在 1.2 节中已经说明的五个步骤是进行开发的基本要点。

第一步：深入学习原理图，了解 PCB 图。
第二步：深入学习器件手册。
第三步：根据器件手册编写软件算法。
第四步：创建工程，编写软件代码。
第五步：调试与试运行代码。

在下一节中，我们将依据这个步骤进行详细介绍。

【故事】读者可能会认为刚开始的内容就非常难懂，但是请不必过分担心，任何一本教材都有看不懂的部分。在难以理解某些内容的时候，只要不影响后续的内容，不妨先放过这部分，以后再回来看。本章前述的部分，仅仅是介绍而已，你可以初步看看或是全部跳过，直接从 2.1 节开始阅读，这不影响后续的学习。

## 2.1　通用 I/O 部分基本原理

本章的前述部分初步介绍了 I/O 端口的基本概念，下面就来看 I/O 部分的实际应用。在节点板上的 I/O 有四个连接到了节点板上的 LED 灯，那么如何知道连接到了 LED 灯呢？这里我们需要对原理图进行研究，这部分的原理图如图 2-3 所示。

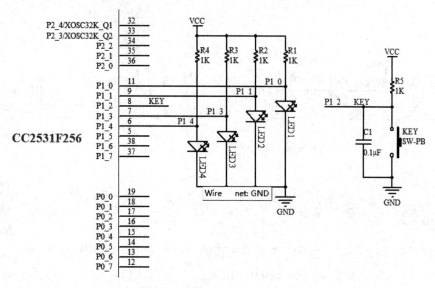

图 2-3　连接 LED 部分的原理图

下面就依照标准步骤从对上图的理解开始进行 I/O 部分学习的全部过程。

第一步：深入学习原理图，了解 PCB 图。

这里由于底板已经设计完成并且调试通过，因此我们不考虑 PCB 的问题，即假定 PCB 硬件没有问题的前提下，仅仅讨论原理图。

在图 2-3 中有四个 LED，即 LED1、LED2、LED3、LED4。这四个 LED 一端连接到 P1_0、P1_1、P1_3、P1_4；另外一端均连接了一个 1kΩ 电阻并连接到地线上。注意到，在数字系统中地线可以理解为"0"。那么对于 LED1～LED4 四个 LED 而言，若要点亮它则必须在 P1_0、P1_1、P1_3、P1_4 四根线上做文章。显然，如果 P1_0、P1_1、P1_3、P1_4 中任何一根线上产生"1"信号时（数字系统中高电平表示"1"信号），相当于对 LED1～LED4 的某一个的左端产生了高电平信号；由于右端通过 1kΩ 电阻接地"0"信号，所以等于右端永远是低电平；LED 的左边高电平，右边低电平，因此它会因为电压的差而亮起。同理，当 P1_0、P1_1、P1_3、P1_4 中任何一根线上产生"0"信号时（数字系统中低电平表示"0"信号），相当于对于 LED1～LED4 的某一个的左端产生了低电平信号；

由于右端通过 1kΩ 电阻接地"0"信号,所以等于右端永远是低电平;LED 的左边低电平,右边低电平,因此它会因为没有电压的差而熄灭。这两种不同的信号流向如图 2-4 所示。

在图 2-4 中,P1_x 表示 P1_0、P1_1、P1_3、P1_4 中某一根线;LEDx 表示 LED1、LED2、LED3、LED4 四个 LED 中某一个;Rx 表示:LED1~LED4 中右端某一个 LED 连接的 1kΩ 电阻,例如 I/O 口 P1_2 线连接 LED2 连接电阻 R2。从图中可见,只要 P1_0、P1_1、P1_3、P1_4 这四个引脚有能力产生"1"和"0"两种不同的信号,就有让 LED1~LED4 产生亮与灭的可能。如果 P1_0、P1_1、P1_3、P1_4 是受到程序控制的,那么我们就可以编程控制这个操作。下面就来讨论是否能对 P1_0、P1_1、P1_3、P1_4 四个引脚进行编程操作,使得其产生"1"与"0"两个不同的信号。

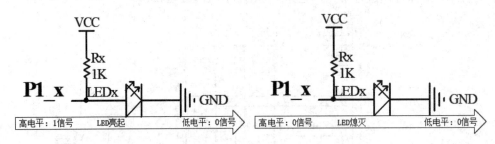

图 2-4  P1_x 端产生高电平与低电平对 LED 亮灭的影响

## 2.2 通用 I/O 部分基本操作过程

在 2.1 节中,通过对原理图的深入分析我们可以知道对 P1 口中 P1_0、P1_1、P1_3、P1_4 四个引脚的编程操作是控制 LED1、LED2、LED3、LED4 四个 LED 的关键。那么 P1_0、P1_1、P1_3、P1_4 四个引脚是什么?注意本章是讨论通用 I/O,读者也应该能够联想到这四个引脚是 I/O 引脚。

(1) CC2531 有多少个 I/O 引脚?总共有 21 个可用的 I/O 引脚。为什么?是因为器件手册上是这么说的。

(2) CC2531 的 P1_0、P1_1、P1_3、P1_4 四个引脚如何操作?需要查看器件手册。

那么是否能解决控制 LED 亮灭的问题就变成了对 P1_0、P1_1、P1_3、P1_4 四个引脚是否能够进行操作的问题,最终变成了深入研究器件手册的问题。

第二步:深入学习器件手册。

如果读者从 TI 公司的官方网站上下载了 CC253x 的系列器件手册,则该文档的名称为 swru191f.pdf,在该文档的 78 页起第七章(chapter 7)中详细介绍了 I/O 的操作。该文档对应的中文文档名为《2.4GHz IEEE 802.15.4 和 ZigBee 应用的 CC253x 片上系统解决方案用户指南》。I/O 端口部分在第 70 页。两个文档的对应页如图 2-5 所示。

那么这里我们需要从器件手册中找到如何操作 I/O 的部分,并且将其提炼出来。

第 2 章 通用 I/O

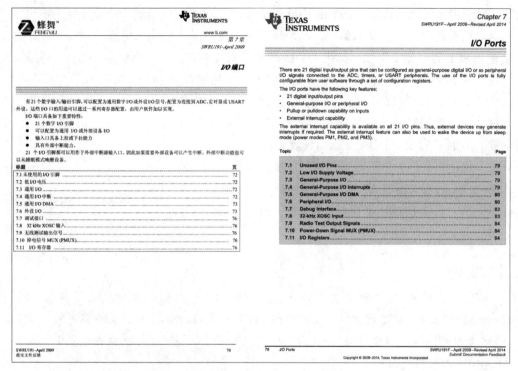

图 2-5　中文器件手册与英文器件手册的对应页

> 🔊 提示：
>
> 　　如果读者英语能力有限，则只能通过中文手册去查找对应的操作方法介绍。当然，我们建议读者逐渐提高英语能力，因为嵌入式开发过程中的器件手册绝大多数都是英文手册，看英文手册可以避免由于翻译者不同的理解而带来的差异。而且，当读者看了很多器件手册之后会逐渐发现，绝大多数器件手册里介绍的项目都非常近似。

　　通过查阅器件手册，在 79 页（中文手册的 71 页）中我们看到如下一段话：

　　The registers PxSEL, where x is the port number 0-2, are used to configure each pin in a port as either a general-purpose I/O pin or as a peripheral I/O signal. By default, after a reset, all digital input/output pins are configured as general-purpose input pins.

　　To change the direction of a port pin, the registers PxDIR are used to set each port pin to be either an input or an output. Thus, by setting the appropriate bit within PxDIR to 1, the corresponding pin becomes an output.

　　这段话的大致意思是："寄存器 PxSEL，其中 x 为端口的标号 0～2，用来设置端口的每个引脚为通用 I/O 或者是外部设备 I/O 信号。作为默认的情况，每当复位之后，所有的数字输入 / 输出引脚都设置为通用输入引脚。

　　在任何时候，要改变一个端口引脚的方向，就使用寄存器 PxDIR 来设置每个端口引脚

31

为输入或输出。因此只要设置 PxDIR 中的指定位为 1,其对应的引脚口就被设置为输出了。"

这段话表明了两个含义：第一,在系统复位后默认是通用输入引脚,如果要修改则需要设置 PxSEL 寄存器；第二,如果需要改变通用引脚的方向,应当设置 PxDIR 寄存器。

注意图 2-4 中信号流向是从 P1_x 到 LEDx 的,也就是对 I/O 口 P1_x 而言,信号应当是输出（是从 P1_x 向 LEDx 方向流出）。因此,结合上面这段话,我们可以合理猜测在系统复位之后,我们需要先使用 PxSEL 寄存器选中对应的 P1_x 端口为通用 I/O 端口；然后再设置 PxDIR 寄存器,将 P1_x 端口设置为输出。

综上所述,我们大致可以得到如下的操作过程：

第一步：设置 P1SEL 寄存器选中对应的 P1_x 端口。

第二步：设置 P1DIR 寄存器设置对应的 P1_x 端口的方向。

第三步：编写应用代码。

> 提示：
>
> 国外器件手册的命名都是很有意义的,例如 P1SEL 中的 SEL 是 Select 或 Selection 的简写,意思是选择；P1DIR 中的 DIR 表示 Direct 或 Direction,意思是方向。那么上面的步骤可以理解为：先选择 P1 口的某个 I/O 端口线,然后再设置 P1 口的某个 I/O 端口线的方向。

## 2.3 通用 I/O 操作示范

在 2.2 节中,我们分析了器件手册,并从器件手册中提炼出了大致的操作思路,那么在本节中我们就来依据上述分析完成一个简单的 LED 应用。

应用目标：完成四个 LED 灯的交替闪烁功能。

说明：当 LED1 与 LED3 亮起的时候,LED2 与 LED4 熄灭；当 LED2 与 LED4 亮起的时候,LED1 与 LED3 熄灭。

### 2.3.1 算法设计与代码翻译

**算法** 2.1　四个 LED 交替闪烁算法

第一步：系统初始化

  1.1 选中 LED1～LED4 连接到 P1 口对应的 4 个 I/O 端口线

  1.2 设置这四根 I/O 端口线为输出

第二步：在无限循环中完成下述工作

  2.1 点亮 LED1

  2.2 点亮 LED3

  2.3 熄灭 LED2

2.4 熄灭 LED4
2.5 延时一段时间
2.6 点亮 LED2
2.7 点亮 LED4
2.8 熄灭 LED1
2.9 熄灭 LED3
2.10 延时一段时间

算法 2.1 的基本思路是依据 2.2 节最后的三个步骤，其中前面两个步骤是初始化，后面的步骤是交替闪烁的应用功能。注意，单片机经常会编写死循环。例如空调启动之后不可能直接停机，事实上它一直在工作，直到你使用遥控器关闭或是直接断电。那么，这种程序就是死循环。在现实生活中很多设备都是这种死循环。算法 2.1 也是需要死循环的，这样会让开发板上的 LED 一直都在交替闪烁。下面就来翻译这个算法为代码。这里要强调算法的正确性与合理性，这样才能较为准确地翻译成代码。初学的读者对算法设计是没有什么概念的，需要多加练习，慢慢掌握一个正确并合适的算法的编写，这样才能更好地翻译成代码。

例子：代码对应翻译例子

第一步：系统初始化

1.1 选中 LED1～LED4 连接到 P1 口对应的 4 个 I/O 端口线

P1SEL = 0XE4;        //1110 0100，选中对应的 I/O 线
                     // 对应的二进制位则设置为 0

1.2 设置这四根 I/O 端口线为输出

P1DIR = ~0XE4;       //~1110 0100 = 0001 1011
                     // 设置方向，对应的 I/O 线应设置为 1

第二步：在无限循环中完成下述工作

```
While(1)
{
  2.1 点亮 LED1
    LED1 = 1;
  2.2 点亮 LED3
    LED2 = 1;
  2.3 熄灭 LED2
    LED3 = 1;
  2.4 熄灭 LED4
    LED4 = 1;
  2.5 延时一段时间
    delay(TIME);
  2.6 点亮 LED2
    LED1 = 0;
  2.7 点亮 LED4
    LED2 = 0;
  2.8 熄灭 LED1
```

```
        LED3 = 0;
    2.9 熄灭 LED3
        LED4 = 0;
    2.10 延时一段时间
        Delay(TIME);
}
```

### 2.3.2　创建工程、编译与调试

在计算机某盘上创建一个文件夹。这里在 E 盘上创建了 2.3.2 文件夹，用于保存工程的全部文档。读者可以自行创建自己合适名称的文件夹，建议不要用中文命名。

第一步：依照 1.4 节的介绍启动 IAR 集成开发环境，创建一个新工程，如图 2-6 所示。

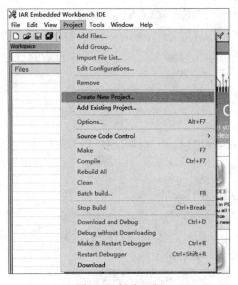

图 2-6　创建工程

在弹出的对话框中单击 OK 按钮，如图 2-7 所示。

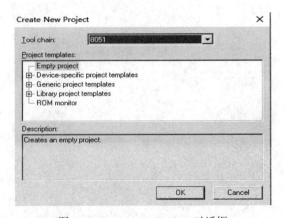

图 2-7　Create New Project 对话框

保存文档到刚创建的文件夹下,如图 2-8 所示。

图 2-8　保存名为 myProject 的工程

第二步:创建 C 文档。

单击 File → New → File 命令,创建一个空白的文档,如图 2-9 所示。

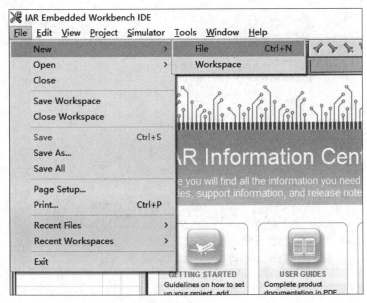

图 2-9　创建空白文档

按 Ctrl+S 组合键保存该文档,命名为 Chapter21.c(如图 2-10 所示),注意后缀名为 .c。读者可以自行命名。

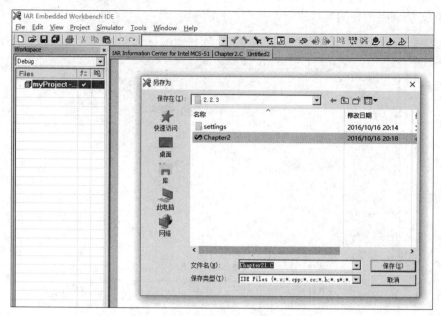

图 2-10　保存 Chapter21.c 文档

在左边的 Workspace 框中工程名 myProject 的蓝色行上右击并选择 Add → Add "Chapter2.c" 命令添加刚刚创建的 Chapter21.c 文件到 myProject 工程中，如图 2-11 所示。

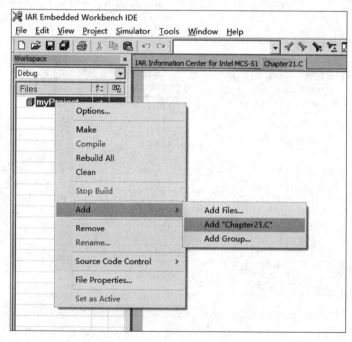

图 2-11　添加 Chapter21.c 文件

添加 Chapter21.c 文档到工程中后，会在工程目录下自动产生一个 Output 文件夹，如图 2-12 所示。

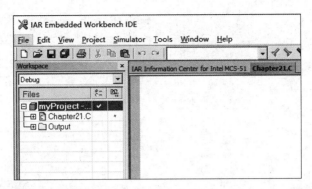

图 2-12　添加 Chapter21.c 后工程中自动添加一个 Output 文件夹

第三步：配置工程。

在左边的 Workspace 框中工程名 myProject 的蓝色行上右击并选择 Options 命令，如图 2-13 所示。

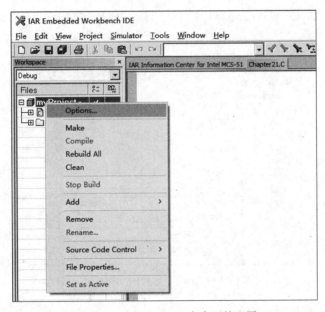

图 2-13　选择 Options 命令开始配置

与 1.4 节完全一致，选择 Options 命令开始工程配置的主要内容为三个项目：General Options（一般选项）、Linker（连接器）、Debugger（调试器）。

（1）General Options（一般选项）配置。

单击 General Options（一般选项），在 General Options（一般选项）选项卡中需要配置三个标签：Target（目标，指针对哪种处理器）、Data Pointer（数据指针）、Stack/Heap（堆/栈）。

1）Target 配置。

单击 Device information（设备信息）中 Device: 行右侧的▢按钮，弹出设备选择型号对话框，如图 2-14 所示。

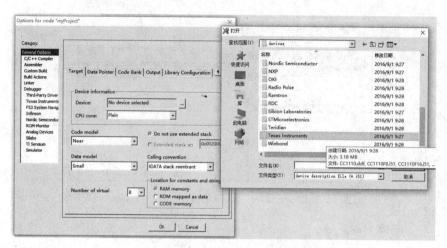

图 2-14　配置 Target

在打开的设备信息对话框中单击 Texas Instruments（德州仪器公司）文件夹，如图 2-14 右侧所示。选中 CC2531F256.i51 文件，单击"打开"按钮，如图 2-15 所示。

图 2-15　选中 CC2531F256.i51 芯片

配置完成之后如图 2-16 所示。

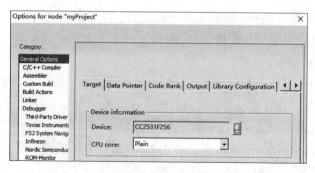

图 2-16　配置完成图

2）Linker 配置。

单击 Data Pointer 标签进行配置，在 Number of DPTRs 中选择 1，即只使用一个数据指针，如图 2-17 所示。

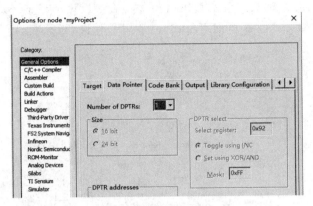

图 2-17　配置数据指针为一个

3）Debugger 配置。

配置 Stack/Heap（堆/栈）标签，配置参数如图 2-18 所示。

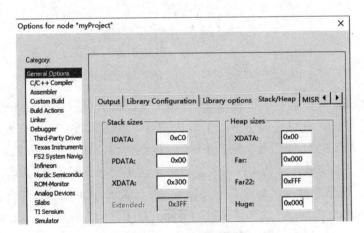

图 2-18　堆栈配置参数

具体的堆栈配置参数如表 2-1 所示。

表 2-1　堆栈配置参数

| Stack sizes | | Heap sizes | |
| --- | --- | --- | --- |
| IDATA | 0xC0 | XDATA | 0x00 |
| PDATA | 0x00 | Far | 0x000 |
| XDATA | 0x300 | Far22 | 0xFFF |
|  |  | Huge | 0x000 |

至此，Target 配置项目部分完成。

（2）Linker 连接器的配置。

Linker（连接器）部分的配置也有三个标签：Output、Extra Output、Config。

1）Output（输出）标签。单击 Output 标签，在 Allow C-SPY-specific extra output file 前面的框中打钩（单击一下该框即可打钩），意思是允许 C 语言指定监控附加输出文件，如图 2-19 所示。

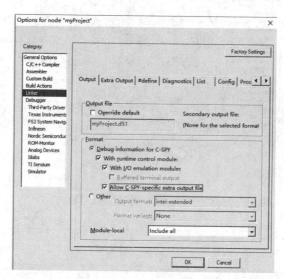

图 2-19　选中 Allow C-SPY-specific extra output file 复选框

2）Extra Output（附加输出）标签。单击 Extra Output 标签，在 Generate extra output file 前面的框中打钩，意思是产生附加的输出文件。选中该项目后，在编译成功之后会自动产生可以被 CC2531 处理器识别的 HEX 可执行文件，并且在下方的 Output file 内的 Override default 前面打钩，并将文件名的后缀 .sim 改成 .hex。配置过程如图 2-20 所示。

3）Config（配置）标签。单击 Config 标签，在 Linker command file（连接器命令文件）项目下面的 Override default（改写默认值）前面的框中打钩，并单击下面的▭按钮，重新定位 Linker command file 到目录：D:\Program Files (x86)\IAR Systems\Embedded Workbench 4.5\8051\config\ 下面的 lnk51ew_cc2531.xcl 文件。这个操作很容易被初学者混淆。操作的时候只有一个要点：单击▭按钮之后，再单击两次"向上"的按钮，就会定位到 Config 目录下面。Config 目录下面的 lnk51ew_cc2531.xcl 文件如图 2-21 所示。

> **注意：**
>
> 作者的计算机将 IAR 集成开发环境安装到了 D 盘 Program Files (x86) 目录下。读者在操作的时候，单击了▭按钮之后，只需要再单击两次"向上"按钮就可以定位到该目录下。请读者注意，一定要是 config 目录下面的 lnk51ew_cc2531.xcl 文件，而不是 D:\Program Files (x86)\IAR Systems\Embedded Workbench 4.5\8051\config\devices\Texas Instruments\。

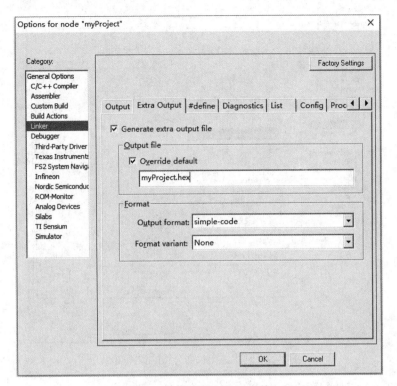

图 2-20　配置附加输出文件

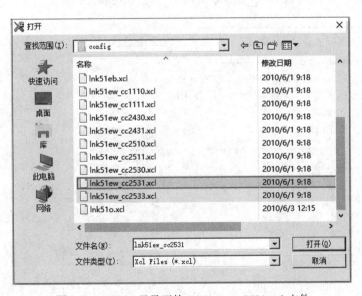

图 2-21　Config 目录下的 lnk51ew_cc2531.xcl 文件

单击"打开"按钮完成 Config 部分的配置。

（3）Debugger（调试）配置。在 Debugger 中仅有 Driver（驱动）一项需要配置，单击 Driver 下拉列表框，选中 Texas Instruments（德州仪器公司），表示使用德州仪器公司提供的实际硬件作为驱动程序，如图 2-22 所示。

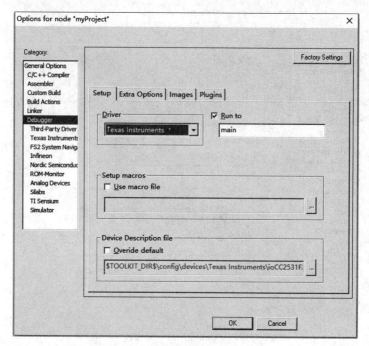

图 2-22 选中德州仪器公司的实际驱动

至此，整个工程的配置全部完成。

第四步：输入 C 代码到 Chapter21.c 文档中。源代码如下：

```
/*--------------------------------------------------------------*/
/* --- 武汉软件工程职业学院 -----------------------------------*/
/* --- Web：www.whvcse.com ----------------------------------*/
/* --- 计算机学院嵌入式系统工程专业 / 物联网专业 ------------*/
/* --- 代码功能：实现节点电路板上四个 LED 闪烁        */
/* --- 作者：Guitist.GT                              */
/* --- 时间：2016.10.16                              */
/*--------------------------------------------------------------*/
#include <iocc2531.h>

#define LED1 P1_2
#define LED2 P1_1
#define LED3 P1_4
#define LED4 P1_3

#define TIME  30000


void  delay (int n);   // 延时函数
void  initial (void);  // 初始化函数


/*----------------------- 主函数部分 ---------------------*/
void  main  (void)
```

```
{
  // 第一步：系统初始化
  initial();

  // 第二步：在无限循环中完成下述工作
  While(1)
   {
    //2.1 点亮 LED1
    LED1 = 1;
    //2.2 点亮 LED3
    LED2 = 1;
    //2.3 熄灭 LED2
    LED3 = 1;
    //2.4 熄灭 LED4
    LED4 = 1;
    //2.5 延时一段时间
    delay(TIME);
    //2.6 点亮 LED2
    LED1 = 0;
    //2.7 点亮 LED4
    LED2 = 0;
    //2.8 熄灭 LED1
    LED3 = 0;
    //2.9 熄灭 LED3
    LED4 = 0;
    //2.10 延时一段时间
    delay(TIME);
   }
}

/*----------------------- 子函数部分 --------------------*/
// 函数名称：delay
// 入口参数：n，n 表示循环次数
// 出口参数：无
// 函数功能：使用循环的软件延时函数，循环次数由 n 决定
void  delay (int  n)
 {
  int i=n;

  while(--i>0);
 }

// 函数名称：initial
// 入口参数：无
// 出口参数：无
// 函数功能：初始化要使用的四个 LED
```

```
void initial (void)
{
    //1.1 选中 LED1 ~ LED4 连接到 P1 口对应的 4 个 I/O 端口线
    P1SEL = 0XE4;        //1110 0100,选中对应的 I/O 线
                         // 对应的二进制位则设置为 0
    //1.2 设置这四根 I/O 端口线为输出
    P1DIR = ~0XE4;       //~1110 0100 = 0001 1011
                         // 设置方向则对应的 I/O 线应设置为 1
}
```

输入完上述源代码之后，单击 File → Save All 命令保存全部文件和工作空间，如图 2-23 所示。

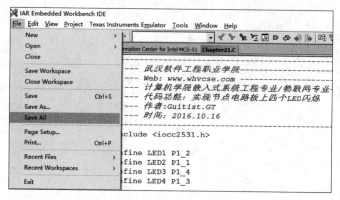

图 2-23  保存全部文件和工作空间

注意本书保存的 Workspace 名称为 myWorkspace，读者可以自行命名。

第五步：编译与调试。

代码输入完成之后，单击"编译"按钮编译源代码，编译命令如图 2-24 所示。

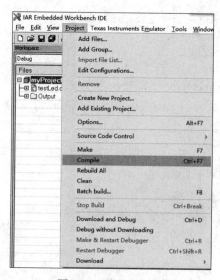

图 2-24  编译源代码

编译结果在下面的 Messages 栏（输出信息栏）中显示，本次编译的结果如图 2-25 所示。

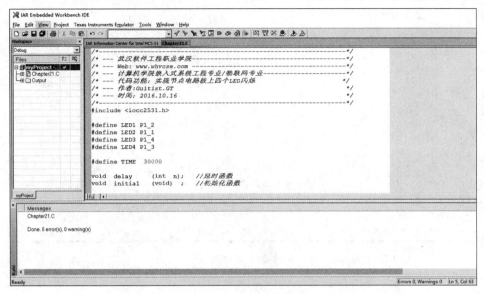

图 2-25　编译源代码

编译完成之后，单击向右的绿色箭头下载可执行代码到开发板，启动调试与试运行过程。该按钮的作用是 Download and Debug（下载与调试），如图 2-26 所示。

图 2-26　"下载与调试"按钮

下载过程中弹出下载过程进度条，如图 2-27 所示。

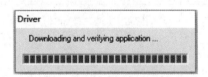

图 2-27　下载进度条

下载结束后，转到调试界面。IAR 集成开发环境的调试界面如图 2-28 所示。

在调试界面中单击 按钮启动全速运行过程，如图 2-29 所示。

最终的运行结果是：四个 LED 灯交替闪烁。

当 LED1 与 LED3 亮起的时候，LED2 与 LED4 熄灭；当 LED2 与 LED4 亮起的时候，LED1 与 LED3 熄灭。

完全实现了需要达到的功能。

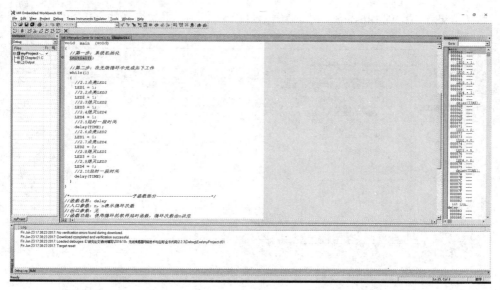

图 2-28　调试界面

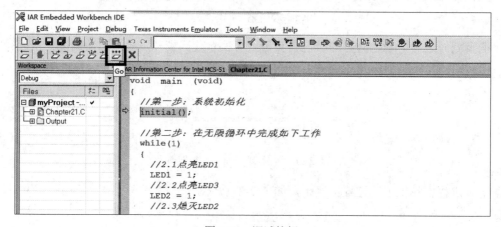

图 2-29　调试按钮

## 2.4　本章小结

本章介绍了 CC253x 处理器对通用 I/O 操作的基本方法与过程，并给出实例进行演示，其中：

2.1 节介绍了 CC253x 处理器中通用 I/O 部分操作的基本原理，尤其是硬件设计角度的电路连接问题，读者应当初步了解其硬件连接，对硬件设计部分不作要求。

2.2 节介绍了 CC253x 处理器中通用 I/O 部分操作的基本操作过程，该操作过程依赖于 2.1 节的硬件连接方式；并且本节对基本操作过程提炼出了详细的操作流程，后续的软件编写依赖于这个流程。

2.3 节从算法分析与设计的角度初步分析了通用 I/O 的操作过程，并且完成了整个创建工程、编译、调试的示范过程。读者需要熟练掌握这些基本技术。

在本章中，2.2 节详细示范了器件手册的查阅对基本操作过程的提炼，读者需要深入掌握这种过程，这种查阅资料——提炼操作流程——变换成算法流程——翻译成代码的方法是嵌入式开发过程中应当掌握的基本方法，它非常重要，需要读者在后续逐步体会并逐渐掌握。

练习 1：请同学们自行仿照本章给出的过程实现本章的实验，并且将整个开发过程写成一份详细的过程性总结文档。

练习 2：假定开发板上四个 LED 的名称为 LED1、LED2、LED3、LED4，并且在串口附近的 LED 是 LED1，在另一端的 LED 是 LED4，请找出 P1 口四根引脚与四个 LED 之间的关系并连线。

练习 3：使用 CC253x 系列片上系统的数字 I/O 作为通用 I/O 来控制 LED 闪烁。当通用 I/O 输出高电平时，所控制的 LED 被点亮；当通用 I/O 输出低电平时，所控制的 LED 熄灭。要求实现：LED1 亮的时候 LED2 熄灭，LED1 熄灭的时候 LED2 亮，交替这个过程。

# 第3章

# 外部中断

# 第 3 章 外部中断

在百度百科中输入"外部中断"会出现如下一段对外部中断的解释："外部中断是单片机实时地处理外部事件的一种内部机制。当某种外部事件发生时，单片机的中断系统将迫使 CPU 暂停正在执行的程序，转而去进行中断事件的处理；中断处理完毕后又返回被中断的程序处，继续执行下去。"事实上，中断技术的出现使得并行处理思想得以初步体现出来，并且并行技术在中断思想实现的初期就已经能够在程序设计上进行体现了。

CC2531 处理器中有 18 个中断源，每个中断源都有它自己的位于一系列 SFR（特殊功能寄存器）中的中断请求标志，相应标志位请求的每个中断可以分别使能或禁用。中断分别组合为不同的和可以选择的优先级别。在 CC253x 系列的器件手册中我们可以初步了解中断的基本情况，对应的中英文手册目录如图 3-1 所示。

```
2.4  Instruction Set Summary ............................................. 36
2.5  Interrupts .......................................................... 40
     2.5.1  Interrupt Masking ............................................. 41
     2.5.2  Interrupt Processing .......................................... 45
     2.5.3  Interrupt Priority ............................................ 47

2.4  指令集总结 ........................................................... 31
2.5  中断 ................................................................ 35
     2.5.1  中断屏蔽 ..................................................... 35
     2.5.2  中断处理 ..................................................... 39
     2.5.3  中断优先级 ................................................... 41
```

图 3-1 中断对应的中英文手册目录

每个中断请求可以通过设置中断使能 SFR 的中断使能位 IEN0、IEN1 或 IEN2 来使能或禁止。某些外部设备有若干事件，可以产生与外设相关的中断请求。这些中断请求可以作用在端口 0、端口 1、端口 2、定时器 1、定时器 2、定时器 3、定时器 4 和无线电上。对于每个内部中断源对应的 SFR，这些外部设备都有中断屏蔽位。具体的中断概览表如图 3-2 所示。

| 中断号码 | 描述 | 中断名称 | 中断向量 | 中断屏蔽, CPU | 中断标志, CPU |
|---|---|---|---|---|---|
| 0 | RF TX FIFO 下溢或 RX FIFO 溢出 | RFERR | 03h | IEN0.RFERRIE | TCON.RFERRIF [1] |
| 1 | ADC 转换结束 | ADC | 0Bh | IEN0.ADCIE | TCON.ADCIF [1] |
| 2 | USART0 RX 完成 | URX0 | 13h | IEN0.URX0IE | TCON.URX0IF [1] |
| 3 | USART1 RX 完成 | URX1 | 1Bh | IEN0.URX1IE | TCON.URX1IF [1] |
| 4 | AES 加密/解密完成 | ENC | 23h | IEN0.ENCIE | S0CON.ENCIF |
| 5 | 睡眠定时器比较 | ST | 2Bh | IEN0.STIE | IRCON.STIF |
| 6 | 端口 2 输入/USB | P2INT | 33h | IEN2.P2IE | IRCON2.P2IF [2] |
| 7 | USART0 TX 完成 | UTX0 | 3Bh | IEN2.UTX0IE | IRCON2.UTX0IF |
| 8 | DMA 传送完成 | DMA | 43h | IEN1.DMAIE | IRCON.DMAIF |
| 9 | 定时器 1 (16 位) 捕获/比较/溢出 | T1 | 4Bh | IEN1.T1IE | IRCON.T1IF [1] [2] |
| 10 | 定时器 2 | T2 | 53h | IEN1.T2IE | IRCON.T2IF [1] [2] |
| 11 | 定时器 3 (8 位) 捕获/比较/溢出 | T3 | 5Bh | IEN1.T3IE | IRCON.T3IF [1] [2] |
| 12 | 定时器 4 (8 位) 捕获/比较/溢出 | T4 | 63h | IEN1.T4IE | IRCON.T4IF [1] [2] |
| 13 | 端口 0 输入 | P0INT | 6Bh | IEN1.P0IE | IRCON.P0IF [2] |
| 14 | USART 1 TX 完成 | UTX1 | 73h | IEN2.UTX1IE | IRCON2.UTX1IF |
| 15 | 端口 1 输入 | P1INT | 7Bh | IEN2.P1IE | IRCON2.P1IF [2] |
| 16 | RF 通用中断 | RF | 83h | IEN2.RFIE | S1CON.RFIF [2] |
| 17 | 看门狗计时器溢出 | WDT | 8Bh | IEN2.WDTIE | IRCON2.WDTIF |

(1) 当调用中断服务例程时清除硬件。
(2) 另外的 IRQ 掩码和 IRQ 标志位存在。

图 3-2 中断概览表

## 3.1 中断基本原理

（1）中断的定义和原理。

查阅百度百科可知，"中断是指计算机运行过程中，出现某些意外情况需要主机干预时，机器能自动停止正在运行的程序并转入处理新情况的程序，处理完毕后又返回原来被暂停的程序继续运行"。

其典型程序运行情况如图 3-3 所示。

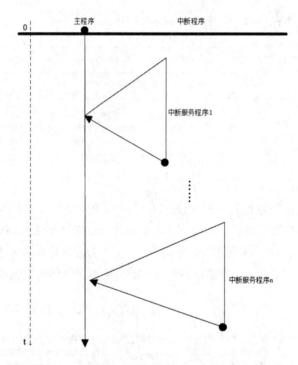

图 3-3　中断服务程序运行图

在图 3-3 中，虚线的纵轴表示时间轴，0 点表示软件系统启动的时刻，主程序从启动开始只要允许中断发生，则在任意时刻均可以接收中断。当接收到中断时，就暂停主程序的执行，转而去执行中断服务程序（图中的中断服务程序 1,2,…），当中断服务程序执行结束后，又返回主程序暂停的那个点继续执行主程序。

【故事】这个过程和下面的场景有些类似：我正在电脑上看电影（主程序正在执行），忽然我的手机来了一个重要的电话，我暂停电影的放映（暂停主程序的执行）去接电话（转而执行中断服务程序），接完电话之后（中断服务程序执行结束），我按下按钮继续观看电影（返回主程序暂停的那个点继续执行主程序）。

（2）中断处理。

了解了中断的基本原理之后，在图 3-3 中可以考虑一个最重要的部分：中断服务程序，中断服务程序就是对中断的处理。读者可以理解中断为一个临时的突发事件，处理器可以处理也可以不处理（注意到：人类的行为也是这样，人类可以选择忽略突发事件，也可以选择处理突发事件）。中断处理是指处理器处理该突发事件的情况。

那么处理器如何处理该突发事件呢？

首先，在主程序运行的最早期，应当在代码中允许接收中断（表示处理器允许处理该突发事件；当然这里也可以不允许，那么突发事件产生的中断就不会被处理，也就是没有中断服务程序执行的部分）。然后在写软件的时候，应当根据语言与处理器的要求编写对应的中断服务程序。那么在突发事件产生中断的时候，处理器会依照图 3-3 所示的流程自动暂停主程序的执行，转而执行编写的中断服务程序，则突发事件产生的中断使用这种方式被处理。

（3）中断屏蔽。

处理器也可以选择对突发事件不予理睬，这种行为就是中断屏蔽。处理器通过设置来不响应中断，实际上是在代码中对相应的屏蔽寄存器写入数据来实现的。

（4）中断优先级。

有时候，情况比较极端。考虑如下的场景：在主程序执行的时候，同时有两个突然事件发生了，处理器先响应哪一个呢？对于这种情况的处理办法就是：对每一个突发事件分配一个"中断优先级"。当有级别区分之后，处理器就知道先处理优先级高的中断，后处理优先级低的中断。

（5）中断嵌套。

还有一种特别极端的情况：处理器正在执行一个中断服务程序的时候，又来了一个中断，处理器怎么处理呢？这个时候，由于可以定义中断优先级，如果后来的中断优先级高于正在执行的中断服务程序，则处理器暂停正在执行的中断服务程序，转而去执行优先级更高的中断服务程序，执行完之后，执行本中断服务程序，最后返回执行主程序。其大致过程如图 3-4 所示。

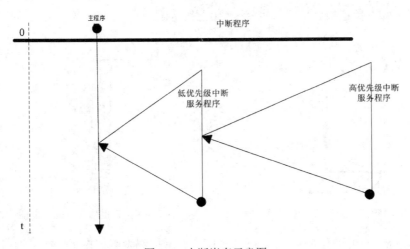

图 3-4  中断嵌套示意图

## 3.2 外部中断部分基本操作过程

通过查阅 CC2531 器件手册，会发现该处理器的每一个 I/O 口均可以作为一个外部中断的引入位置。这里将 P1_2 引脚作为外部中断的引入位置来说明问题，具体原理图如图 3-5 所示。

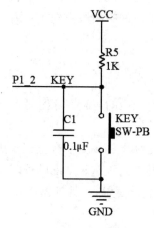

图 3-5　外部中断使用 P1_2

图中 P1_2 连接到了标号 KEY，标号 KEY 连接到右边的一个按键 KEY（SW-PB），下面分析这个按键的功能。

（1）当没有按下按键的时候：VCC 通过电阻 R5 直连到标号 KEY，也就是直接连接到 P1_2 引脚。此时 P1_2 引脚接收到高电平，也就是"1"信号。简化图如图 3-6 所示。

（2）当按下按键的时候：如图 3-7 所示，点 A 直接通过按键连接到地线，实际上就是引脚 P1_2 引脚直接连接到地线，也就是"0"信号。

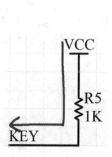

图 3-6　未按下按键信号流向简化图

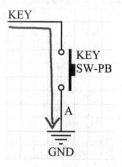

图 3-7　按下按键信号流向简化图

综上分析，如果读取 P1_2 按键得到"1"，表示按键没有被按下；如果读取 P1_2 按键得到"0"，表示按键被按下。

对于图 3-5 所示的设计，我们直接给出使用外部中断的具体程序设计流程，如下（详细内容请读者查阅器件手册与百度）：

（1）主程序中使用中断的步骤。

第一步：设置 P1_2 引脚为输入引脚。

第二步：配置 P1 口为能够接收中断（中断边沿为上升沿产生中断）。

第三步：打开 P1_2 引脚的中断。

第四步：打开整个 P1 口的中断。

第五步：打开全局中断。

（2）中断服务程序中代码的大致思路。

第一步：关闭全局中断（表示只使用本中断）。

第二步：判断是否为 P1_2 产生的中断，如果是，对按键去抖动操作（考虑到手按下按钮是不会按得很稳定的），按键功能处理。

第三步：打开全局中断（再次允许接收全局中断）。

## 3.3 外部中断操作示范

在 3.2 节中，我们分析了原理图，并且给出了大致的操作思路，那么在本节中就来依据上述分析完成一个简单的外部中断（按键）控制 LED 的应用。

应用目标：使用 P0 口的外部中断功能。开始四盏灯全灭，当第一次点按 SW1 键时，LED1 灯亮；而后每点按 SW1 键一次，LED 亮的个数加 1；当四盏灯全亮时，再次点按 SW1 键，则四盏灯全灭，重新回到初始状态。

### 3.3.1 算法设计与代码翻译

主程序部分算法如图 3-8 所示。

```
第一步：初始化系统
第二步：在无限循环中做
        根据按键按下的次数情况
        次数 1：亮 LED1
        次数 2：亮 LED2
        次数 3：亮 LED3
        次数 4：亮 LED4
        其他：LED 全灭
```

图 3-8　主程序算法

其中初始化系统部分的算法如图 3-9 所示。

```
第一步：设置 P1_2 引脚为输入引脚
第二步：配置 P1 口中断边沿为上升沿触发中断
第三步：打开 P1_2 引脚的中断
第四步：打开整个 P1 口的中断
第五步：打开全局中断
```

图 3-9　初始化部分算法

中断部分算法如图 3-10 所示。

```
第一步：关闭全局中断
第二步：如果是按键产生的中断

            按键去抖动
            计算按钮按下的次数
            清除中断标志
第三步：打开全局中断
```

图 3-10　中断部分算法

源代码如下：

```
/*----------------------------------------------------------------*/
/* --- 武汉软件工程职业学院 ----------------------------------   */
/* --- Web：www.whvcse.com ----------------------------------    */
/* --- 计算机学院嵌入式系统工程专业 / 物联网专业 ---------------  */
/* --- 代码功能：使用 P0 口的外部中断功能。开始四盏灯全灭，当第一次点  */
/*---- 按 SW1 键时，LED1 灯亮，而后每点按 SW1 键一次，LED 灯亮的个数加 1  */
/*----- 当四盏灯全亮时，再次点按 SW1 键，则四盏灯全灭，重新回到初始状态  */
/* --- 作者：Guitist.GT                                          */
/* --- 时间：2016.10.16                                          */
/*----------------------------------------------------------------*/
/****************************************************************/
#include "ioCC2530.h"   // 引用头文件，包含对 CC2530 的寄存器、中断向量等的定义
/****************************************************************/
// 定义 LED 灯端口：p1.3、p1.4
#define LED1 P1_0      // P1_0 定义为 P1.0
#define LED2 P1_1      // P1_1 定义为 P1.1
#define LED3 P1_3      // P1_3 定义为 P1.3
#define LED4 P1_4      // P1_4 定义为 P1.4
#define SW1  P1_2      // P1_2 定义为 SW1
unsigned int KeyTouchtimes = 0;   // 定义变量记录按键次数
/****************************************************************/
* 函数名称：delay
* 功    能：软件延时
* 入口参数：无
* 出口参数：无
* 返 回 值：无
****************************************************************/
```

```c
void delay(unsigned int time)
{ unsigned int i;
  unsigned char j;
  for(i = 0; i < time; i++)
  { for(j = 0; j < 240; j++)
    { asm("NOP");    // asm 是内嵌汇编，nop 是空操作，执行一个指令周期
      asm("NOP");
      asm("NOP");
    }
  }
}
/*****************************************************************
* 函数名称：init
* 功    能：初始化系统 IO，定时器 T1 控制状态寄存器
* 入口参数：无
* 出口参数：无
* 返 回 值：无
*****************************************************************/
void init()
{
    P1SEL &= ~0x1F;   // 设置 LED1、SW1 为普通 IO 口 1 1111
    P1DIR |= 0x1B ;   // 设置 LED1 为输出 1 1011
    P1DIR &= ~0X04;   //SW1 按键在 P1.2，设定为输入 0 0100
    LED1 = 0;         // 灭 LED
    LED2 = 0;
    LED3 = 0;
    LED4 = 0;

    PICTL &= ~0x02;   // 配置 P1 口的中断边沿为上升沿产生中断
    P1IEN |= 0x04;    // 使能 P1.2 中断
    IEN2 |= 0x10;     // 使能 P1 口中断

    EA = 1;           // 使能全局中断
}
/*****************************************************************
* 函数名称：EINT_ISR
* 功    能：外部中断服务函数
* 入口参数：无
* 出口参数：无
* 返 回 值：无
*****************************************************************/
#pragma vector=P1INT_VECTOR
__interrupt void EINT_ISR(void)
{
    EA = 0;       // 关闭全局中断
    /* 若是 P1.2 产生的中断 */
```

```
    if(P1IFG & 0x04)
    {
       /* 等待用户释放按键并消抖 */
       while(SW1 == 0);    // 低电平有效
       delay(100);
       while(SW1 == 0);

       KeyTouchtimes = (KeyTouchtimes+1)%5;    // 每次中断发生时记录按键次数加 1
       /* 清除中断标志 */
       P1IFG &= ~0x04;  // 清除 P1.2 中断标志
    }
    EA = 1;       // 使能全局中断
}
/*****************************************************************
* 函数名称：main
* 功    能：main 函数入口
* 入口参数：无
* 出口参数：无
* 返 回 值：无
******************************************************************/
void main(void)
{
  init();   // 调用初始化函数
  while(1)
  {
    switch (KeyTouchtimes)
    {
    case 1:LED1 = 1; break;
    case 2:LED2 = 1; break;
    case 3:LED3 = 1; break;
    case 4:LED4 = 1; break;
    default:
    {
       LED1 = 0;     // 灭 LED
       LED2 = 0;
       LED3 = 0;
       LED4 = 0;
    }
    }
  }
}
```

### 3.3.2 创建工程、编译与调试

在计算机中创建一个文件夹，例如这里在 E 盘创建了 3.3.2 这个文件夹，用于保存工

程的全部文档。读者可以自行创建自己合适名称的文件夹，建议不要用中文命名。

第一步：依照 1.4 节的介绍启动 IAR 集成开发环境，创建一个新工程，如图 3-11 所示。

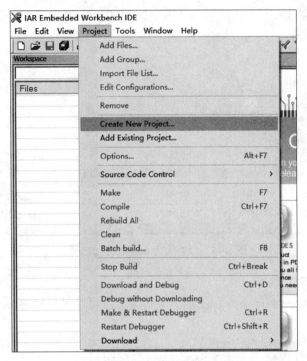

图 3-11　创建工程

在弹出的对话框中单击 OK 按钮，如图 3-12 所示。

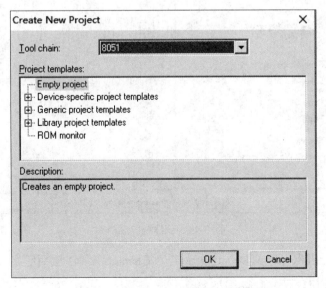

图 3-12　Create New Project 对话框

保存文档到刚创建的文件夹下，如图 3-13 所示。

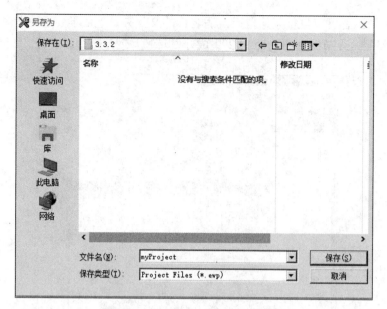

图 3-13　保存名为 myProject 的工程

第二步：创建 C 文档。

单击 File → New → File 命令，创建一个空白文档，如图 3-14 所示。

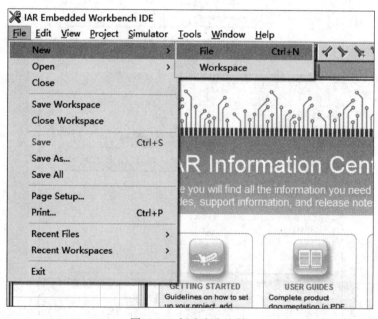

图 3-14　创建空白文档

按 Ctrl+S 组合键保存该文档，这里命名为 Chapter3.c，注意后缀名为 .c，读者也可以自行命名，如图 3-15 所示。

在左侧 Workspace 框中工程名 myProject 的蓝色行上右击并选择 Add → Add "Chapter3.c" 选项，添加刚刚创建的 Chapter3.c 文件到 myProject 工程中，如图 3-16 所示。

第3章 外部中断

图 3-15 保存 Chapter3.c 文档

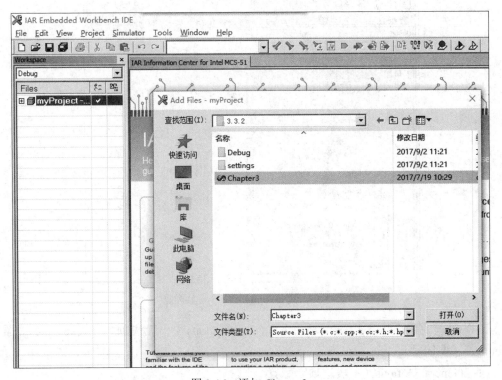

图 3-16 添加 Chapter3.c

添加 Chapter3.c 文档到工程后会在工程目录下自动产生一个 Output 文件夹，如图 3-17 所示。

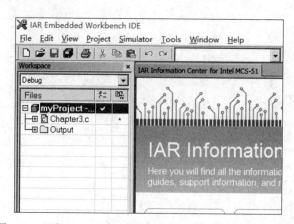

图 3-17　添加 Chapter3.c 后工程自动产生一个 Output 文件夹

第三步：配置工程。

在左侧 Workspace 框中工程名 myProject 的蓝色行上右击并选择 Options 命令，如图 3-18 所示。

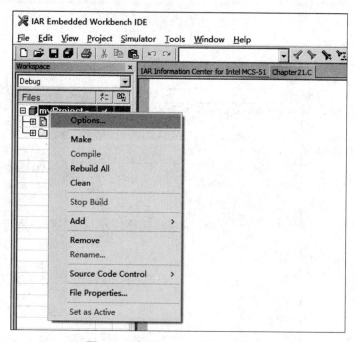

图 3-18　选择 Options 命令开始配置

工程配置的主要内容为三个项目：General Options（一般选项）、Linker（连接器）、Debugger（调试器）。

（1）General Options（一般选项）配置。

单击 General Options（一般选项），在 General Options（一般选项）选项卡中需要配置三个标签：Target（目标，指针对哪种处理器）、Data Pointer（数据指针）、Stack/Heap（堆 / 栈）。

1）Target 配置。

单击 Device information（设备信息）中 Device: 行右侧的 按钮，弹出设备选择型号对话框，如图 3-19 所示。

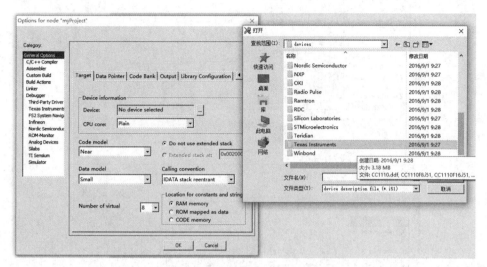

图 3-19　配置 Target

在打开的设备信息对话框中单击 Texas Instruments（德州仪器公司）文件夹，如图 3-19 右侧所示。选中 CC2531F256.i51 文件，单击"打开"按钮，如图 3-20 所示。

图 3-20　选中 CC2531F256.i51 芯片

配置完成之后如图 3-21 所示。

2）Linker 配置。

单击 Data Pointer 标签进行配置，在 Number of DPTRs 中选择 1，即只使用一个数据指针，如图 3-22 所示。

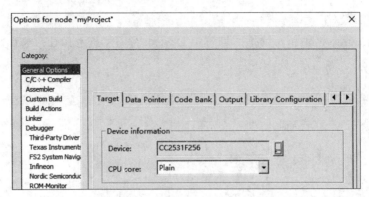

图 3-21　配置完成图

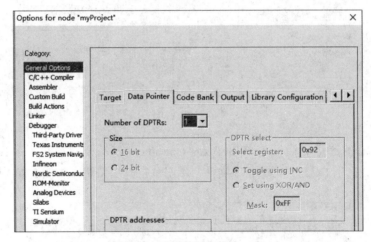

图 3-22　配置数据指针为一个

3）Debugger 配置。

配置 Stack/Heap（堆/栈）标签，配置参数如图 3-23 所示。

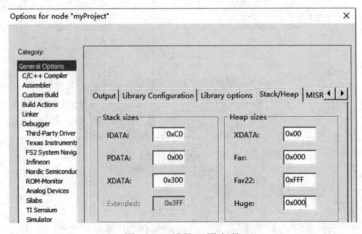

图 3-23　堆栈配置参数

具体的堆栈配置参数如表 3-1 所示。

表 3-1 堆栈配置参数表

| Stack sizes | | Heap sizes | |
| --- | --- | --- | --- |
| IDATA | 0xC0 | XDATA | 0x00 |
| PDATA | 0x00 | Far | 0x000 |
| XDATA | 0x300 | Far22 | 0xFFF |
| | | Huge | 0x000 |

至此，Target 配置项目部分完成。

（2）Linker 连接器的配置。

Linker（连接器）部分的配置也有三个标签：Output、Extra Output、Config。

1）Output（输出）标签。单击 Output 标签，在 Allow C-SPY-specific extra output file 前面的框中打钩（单击一下该框即可打钩），意思是允许 C 语言指定监控附加输出文件，如图 3-24 所示。

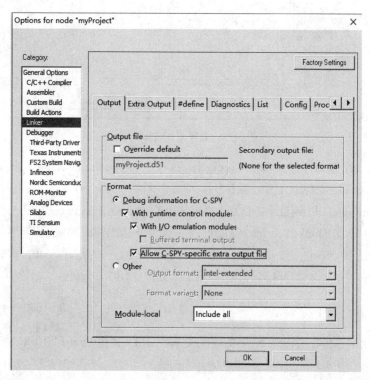

图 3-24 选中 Allow C-SPY-specific extra output file 复选框

2）Extra Output（附加输出）标签。单击 Extra Output 标签，在 Generate extra output file 前面的框中打钩，意思是产生附加的输出文件。选中该项目后，在编译成功之后会自动产生可以被 CC2531 处理器识别的 HEX 可执行文件，并且在下方的 Output file 内的

Override default 前面打钩,并将文件名的后缀 .sim 改成 .hex。配置过程如图 3-25 所示。

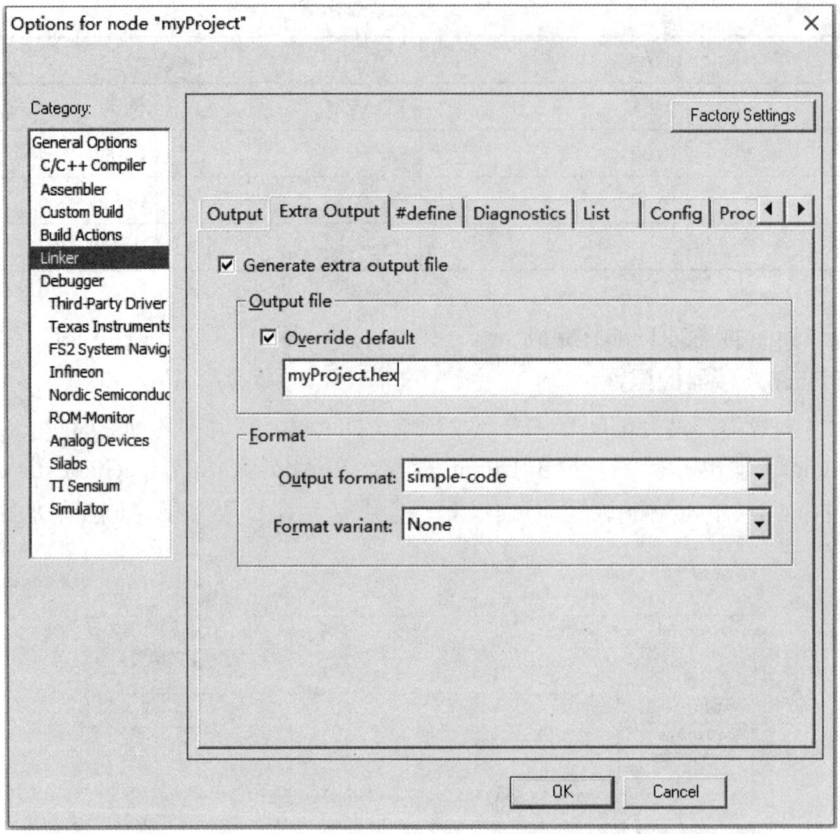

图 3-25　配置附加输出文件

3）Config（配置）标签。单击 Config 标签,在 Linker command file（连接器命令文件）项目下面的 Override default（改写默认值）前面的框中打钩,并单击下面的▣按钮,重新定位 Linker command file 到目录:D:\Program Files (x86)\IAR Systems\Embedded Workbench 4.5\8051\config\ 下面的 lnk51ew_cc2531.xcl 文件。这个操作很容易被初学者混淆。操作的时候只有一个要点:单击▣按钮之后,再单击两次"向上"的按钮,就会定位到 Config 目录下面。Config 目录下面的 lnk51ew_cc2531.xcl 文件如图 3-26 所示。

注意:

作者的计算机将 IAR 集成开发环境安装到了 D 盘 Program Files (x86) 目录下。读者在操作的时候,单击了▣按钮之后,只需要再单击两次"向上"按钮就可以定位到该目录下。请读者注意,一定要是 config 目录下面的 lnk51ew_cc2531.xcl 文件,而 不 是 D:\Program Files (x86)\IAR Systems\Embedded Workbench 4.5\8051\config\devices\Texas Instruments\。

图 3-26 Config 目录下的 lnk51ew_cc2531.xcl 文件

单击"打开"按钮完成 Config 部分的配置。

(3) Debugger（调试）配置。

在 Debugger 中仅有 Driver（驱动）一项需要配置，单击 Driver 下拉列表框，选中 Texas Instruments（德州仪器公司），表示使用德州仪器公司提供的实际硬件作为驱动程序，如图 3-27 所示。

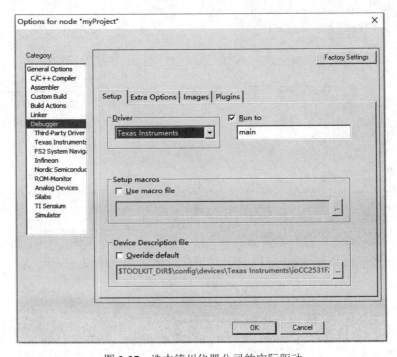

图 3-27 选中德州仪器公司的实际驱动

至此，整个工程的配置全部完成。

第四步：输入 3.3.1 节给出的源代码到 Chapter3.c 文档中。

输入完成后，单击 File → Save All 命令保存全部文件和工作空间，如图 3-28 所示。

注意本书保存的 Workspace 名称为 myWorkspace，读者可以自行命名。

第五步：编译与调试。

代码输入完成之后，单击"编译"按钮编译源代码，编译命令如图 3-29 所示。

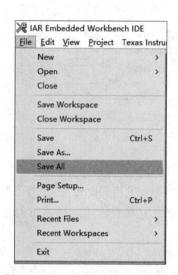

图 3-28 保存全部文件和工作空间

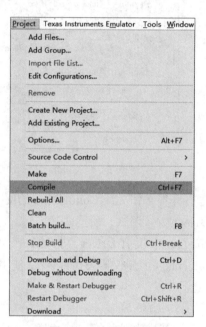

图 3-29 编译源代码

编译结果在下面的 Messages 栏（输出信息栏）中显示，本次编译的结果如图 3-30 所示。

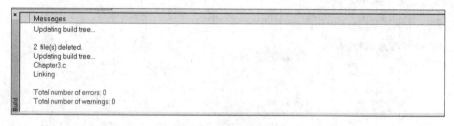

图 3-30 编译源代码

编译完成之后，单击向右的绿色箭头下载可执行代码到开发板，启动调试与试运行过程。该按钮的作用是 Download and Debug（下载与调试），如图 3-31 所示。

图 3-31 "下载与调试"按钮

下载过程中弹出下载过程进度条，如图 3-32 所示。

图 3-32　下载进度条

下载结束后，转到调试界面。IAR 集成开发环境的调试界面如图 3-33 所示。

图 3-33　调试界面

在调试界面中单击 按钮启动全速运行过程，如图 3-34 所示。

无线传感器网络技术应用

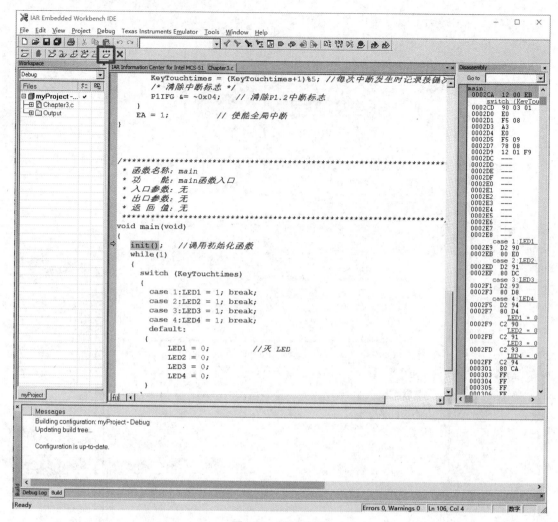

图 3-34　调试按钮

最终的运行结果是：按下一次按键点亮一个 LED；当按下四次按键时四个 LED 全亮；再次按下按键，四个 LED 全灭。上述过程可以不断重复。

请读者自行实验该项目。

## 3.4　本章小结

本章介绍了 CC253x 处理器中断部分的基本方法与过程，并给出实例进行演示，其中：3.1 节介绍了中断的基本概念、定义、基本原理、中断过程、中断屏蔽、中断嵌套等。

3.2 节介绍了 CC253x 处理器中 P1_2 引脚连接外部中断按钮的基本原理，并对电路部分进行分析，然后给出基本的代码设计过程，该代码设计过程依赖于原理图的硬件连接方式；并且本节对基本操作过程提炼出了详细的操作流程，后续的软件编写依赖于这个流程。

3.3 节给出了关键部分的算法设计和例子源代码，由读者自行进行实验操作。

中断部分属于单片机课程的内容，本章仅在应用层面作了简要介绍，更深入的知识有待读者在实际应用中理解与体会。

练习 1：请同学们自行仿照本章给出的过程实现本章的实验，并且将整个开发过程写成一份详细的过程性总结文档。

练习 2：根据第 2 章中 P1 口四根引脚与四个 LED 之间的关系编写简单代码，完成如下功能：

（1）仿照本章写法，按键采集使用中断实现。

（2）按下按键，四个 LED 全亮，再次按下按键四个 LED 全灭，重复该过程。

练习 3：同上题的连接方式，编写简单代码，完成如下功能：

（1）仿照本章写法，按键采集使用中断实现。

（2）按一次按键，四个 LED 交替闪烁；再按一次按键，四个 LED 全亮全灭；再按一次按键，四个 LED 中有一个 LED 从左至右亮起（注意只有一个 LED 亮，从左走到右）；按一次按键，四个 LED 中有两个 LED 亮起，从左走到右，至最右边时再从右走到左（重复此过程）；再按一次按键，四个 LED 全灭。

（3）重复整个（2）的过程。

# 第4章

# 系统时钟源与定时器

时钟源是用于控制整个系统工作速度的内部时序控制部件,其角色类似于乐队的指挥,整个乐队的演奏在指挥的控制下进行,而整个 CC2531 处理器的工作在系统时钟源的控制下进行。读者需要了解到一个问题,即处理器的工作速度是怎样的。在 CC2531 处理器中有两个时钟模块,读者可以理解为乐队有两个指挥可以选择,其典型情况如图 4-1 所示。

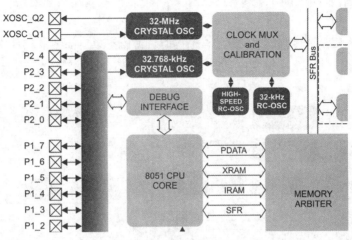

图 4-1　系统时钟源框图

由图可见,系统至少需要一个外接的 32MHz 的晶体振荡器(连接到 XOSC_Q2 和 XOSC_Q1 两个引脚上),并且系统还支持第二个时钟源,即 P2_4 和 P2_3 引脚上连接的一个 32.768kHz 的晶体振荡器。通常情况下的设计并不会在 P2_4 和 P2_3 引脚上连接一个 32.768kHz 的晶体振荡器,因此一般只有一个外部晶体振荡器,也就是只有 XOSC_Q2 和 XOSC_Q1 两个引脚上外接的 32MHz 的晶体振荡器。除此之外请读者注意观察图 4-1,在图中有两个 RC-OSC 模块,一个是 HIGH-SPEED RC-OSC(高速 RC 时钟),一个是 32kHz RC-OSC(32kHz 的 RC 时钟),这两个时钟模块在内部,从图纸分析的角度应该是可以直接编程使用的。因此,一般情况下有三个时钟源可以用:一个外部高速晶振 32MHz、一个内部高速 RC 时钟 16MHz、一个内部低速 RC 时钟 32kHz。

乐队只能有一个指挥,当有多个指挥候选的时候,必须要选一个指挥作为乐队的指挥。同样,时钟源在使用之前都是需要选择的,由于至少有三个时钟,因此在编写应用代码的时候,应当先选择并设置对应的时钟源。另外,在使用 RF 的时候,必须使用 32MHz 的外部时钟源。

## 4.1　系统时钟源与定时器基本原理

### 4.1.1　时钟源

上面简要介绍了时钟源的概念,并结合器件手册中的内部结构图初步使读者了解到

CC2531 处理器最多可以配置四个时钟源。仍然需要提醒读者的是，由于通常的设计不会在 P2_4 和 P2_3 引脚上连接一个 32.768kHz 的晶体振荡器，因此 CC2531 有效的时钟源是三个：一个外部高速晶振 32MHz、一个内部高速 RC 时钟 16MHz、一个内部低速 RC 时钟 32kHz。另外需要重点注意的是，系统工作的时候只需要一个时钟源，因此需要用户在写代码的时候选择合适的时钟源。也就是说这部分是需要编程来确定到底用三个时钟源中的哪一个。

时钟源的本质是速度问题，选择了合适的时钟源就可以对需要的部件进行"指挥"了。时钟源通过一根内部总线连接到内部的部件上，以控制该部件的工作速度，如图 4-2 所示。

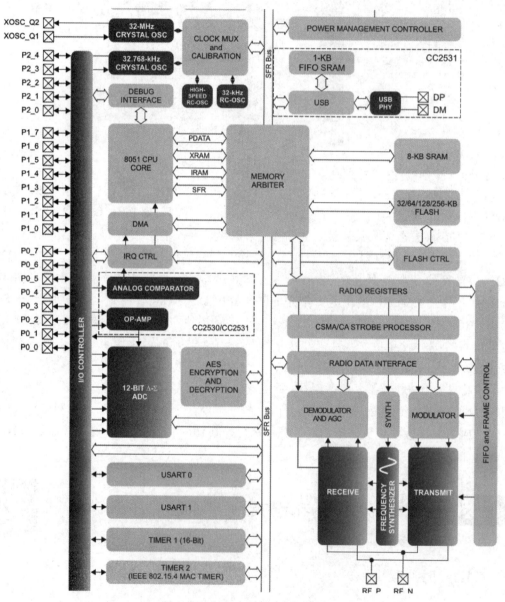

图 4-2　CC2531 处理器内部结构图

在图 4-2 中，SFR Bus 是一根总线，该总线连接了很多设备，并将时钟源模块挂到总线上，总线上的部件根据时钟源模块选择的结果使用对应的时钟源，这些模块使用了对应的时钟源也就确定了对应的工作速度。主要的时钟源选择需要对 CLKCONCMD 寄存器对应的二进制位进行写入来完成，选择时钟源的方法如图 4-3 所示。

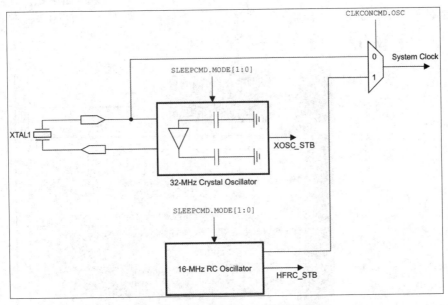

图 4-3　高速 32MHz 时钟系统概要图

图 4-3 中只给出了连接 32MHz 外部晶振的时钟源选择图，另外还有一张图在英文手册的 65 页，如图 4-4 所示。

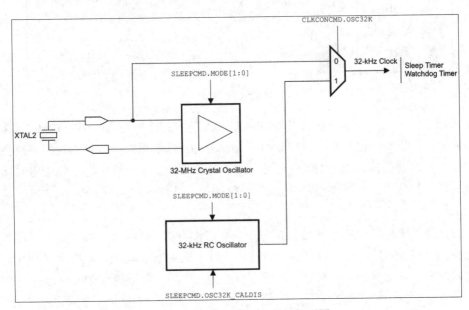

图 4-4　低速 32.768kHz 时钟概要图

其含义是：在 P2_4 和 P2_3 引脚上连接一个 32.768kHz 的第二外部晶振的时候可以选择的时钟源，由于一般不连接该外部第二晶振，有设计需求的读者可以自行参考。

### 4.1.2 定时器

定时器属于 CC2531 处理器中的一个部件，该部件在手册中名为 TIMER，在 CC2531 处理器中共有 4 个定时器，定时器部分如图 4-5 所示。

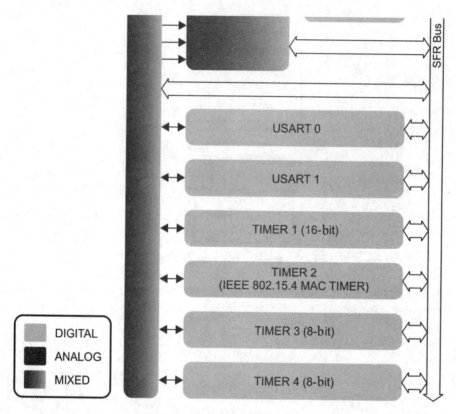

图 4-5　定时器

定时器 2 主要用于为 802.15.4 CSMA-CA 算法提供定时和为 802.15.4 MAC 层提供一般的计时功能。当定时器 2 和休眠定时器一起使用时，即使系统进入低功耗模式也会提供定时功能。定时器的速度由 CLKCONSTA 中的 CLKSPD 二进制位确定。如果定时器 2 和睡眠定时器一起使用，时钟速度必须设置为 32MHz，且必须使用一个外部 32 kHz 晶振获得精确结果。

一般使用得比较多的是定时器 1、定时器 3 和定时器 4。其中，定时器 1 是 16 位定时器，计数范围为 0 ~ 65535，最大计数为 65535，计数个数为 65536 个。定时器 3 和定时器 4 是 8 位定时器，计数范围为 0 ~ 255，最大计数为 255，计数个数为 256 个。在三个定时器中，由于定时器 1 的计数范围最大，因此使用频率最高，这里重点介绍定时器 1。定时器 1 是一个独立的 16 位定时器，支持典型的定时 / 计数功能，比如输入捕获、输出比较和 PWM 功能。定时器有五个独立的捕获/比较通道，每个通道定时器使用一个 I/O 引脚。定时器用于范围广泛的控制和测量应用，可用的五个通道的正计数/倒计数模式将允许诸如电机控制应用的实现。定时器 1 的功能描述如下：

- 五个捕获/比较通道。
- 上升沿、下降沿或任何边沿的输入捕获。
- 设置、清除或切换输出比较。
- 自由运行、模或正计数/倒计数操作。
- 可被 1、8、32 或 128 整除的时钟分频器。
- 在每个捕获/比较和最终计数上生成中断请求。
- DMA 触发功能。

定时器 1 中有一个 16 位计数器，在每个时钟边沿（时钟源工作一次）递增或递减。时钟边沿周期由寄存器中的 CLKCON.TICKSPD 二进制位确定，它提供了从 0.25MHz 到 32MHz 的不同时钟频率（可以使用 32MHz 外部晶振作为时钟源）。在定时器 1 中由寄存器中的 T1CTL.DIV 二进制位设置的分频器值进一步分频，这个分频器值可以是 1、8、32 或 128。因此当 32MHz 晶振用作系统时钟源时，定时器 1 可以使用的最低时钟频率是 1953.125Hz，最高是 32MHz。当 16MHz RC 振荡器用作系统时钟源时，定时器 1 可以使用的最高时钟频率是 16MHz。

另外计数器（定时器）可以作为一个自由运行计数器、一个模计数器或一个正计数/倒计数器运行，用于中心对齐的 PWM。可以通过两个 8 位的 SFR 读取 16 位的计数器值：T1CNTH 和 T1CNTL，分别包含在高位字节和低位字节中。当读取 T1CNTL 时，计数器的高位字节在那时被缓冲到 T1CNTH，以便高位字节可以从 T1CNTH 中读出，因此 T1CNTL 必须总是在读取 T1CNTH 之前首先读取，对 T1CNTL 寄存器的所有写入访问将复位 16 位计数器。当达到最终计数值（溢出）时，计数器产生一个中断请求，可以用 T1CTL 控制寄存器设置启动并停止该计数器。当一个不是 00 值的写入到 T1CTL.MODE 时，计数器开始运行；如果 00 写入到 T1CTL.MODE，计数器停止在它现在的值上。

## 4.2 系统时钟源与定时器部分基本操作过程

### 4.2.1 系统时钟源操作过程

我们建议在对 CC253X 处理器进行任何控制操作之前都应当先设置好系统的时钟源，因此时钟源的操作与设置问题是关键问题。在器件手册第 4 章的时钟操作中提到：使用 CLKCONCMD 寄存器中的 OSC 二进制位设置系统时钟。

并且，注意到手册中还特别提到了"注意改变 CLKCONCMD.OSC 位不会立即改变系统时钟。时钟源的改变首先在 CLKCONSTA 寄存器中的 OSC 二进制位与 CLKCONCMD 寄存器的 OSC 二进制位相等的时候生效。这是因为在实际改变时钟源之前需要有稳定的时钟，还要注意 CLKCONCMD.CLKSPD 位反映系统时钟的频率，因此是 CLKCONCMD.OSC 位的映像。"因此，在操作系统时钟源的时候应当遵循如下顺序：

第一步：设置系统时钟源寄存器 CLKCONCMD 以确定系统主时钟的频率。

第二步：读取 CLKCONSTA 寄存器的值。

第三步：比较 CLKCONSTA 寄存器的值与 CLKCONCMD 寄存器的值是否相等，如果相等表示系统主时钟已经准备好了。

上述三个步骤是使用主时钟的基本过程，尤其要注意第三步必须等待主时钟准备好，这样整个系统才能在系统时钟的控制下正常工作，这是一般的软件设计当中最早需要编写的代码部分。

### 4.2.2 定时器基本操作过程

前面介绍过，任何内部部件的操作都需要在系统主时钟操作结束以后进行，定时器模块也不例外。对定时器模块的操作请参考器件手册，其中主要操作方法的介绍为"一般来说控制寄存器 T1CTL 用于控制定时器操作，状态寄存器 T1STAT 保存中断标志。"定时器有三种工作模式：自由运行模式、模模式、正计数/倒计数模式。

（1）自由运行模式。

在自由运行模式下，计数器从 0x0000 开始，每个活动时钟边沿增加 1。当计数器达到 0xFFFF（溢出）时，计数器载入 0x0000，继续递增它的值，如图 4-6 所示当达到最终计数值 0xFFFF 时，设置标志 IRCON.T1IF 和 T1STAT.OVFIF。如果设置了相应的中断屏蔽位 TIMIF.OVFIM 和 IEN1.T1EN，将产生一个中断请求。自由运行模式可以用于产生独立的时间间隔，输出信号频率。

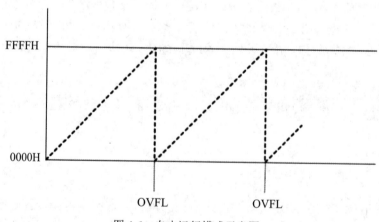

图 4-6 自由运行模式示意图

（2）模模式。

当定时器运行在模模式时，16 位计数器从 0x0000 开始，每个活动时钟边沿增加 1。当计数器达到 T1CC0（溢出）时，寄存器 T1CC0H:T1CC0L 保存最终计数值，计数器将复位到 0x0000 并继续递增。如果定时器开始于 T1CC0 以上的一个值，当达到最终计数值（0xFFFF）时，设置标志 IRCON.T1IF 和 T1CTL.OVFIF。如果设置了相应的中断屏蔽位 TIMIF.OVFIM 和 IEN1.T1EN，将产生一个中断请求，模模式可以用于周期不是 0xFFFF 的应用程序。计数器的操作展示如图 4-7 所示。

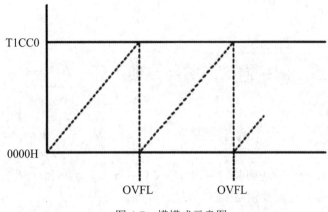

图 4-7　模模式示意图

（3）正计数 / 倒计数模式。

在正计数 / 倒计数模式下，计数器反复从 0x0000 开始，正计数直到达到 T1CC0H:T1CC0L 保存的值，然后计数器将倒计数直到 0x0000，如图 4-8 所示。这个定时器用于周期必须是对称输出脉冲而不是 0xFFFF 的应用程序，因此允许中心对齐的 PWM 输出应用的实现。在正计数 / 倒计数模式下，当达到最终计数值时，设置标志 IRCON.T1IF 和 T1CTL.OVFIF。如果设置了相应的中断屏蔽位 TIMIF.OVFIM 和 IEN1.T1EN，将产生一个中断请求。

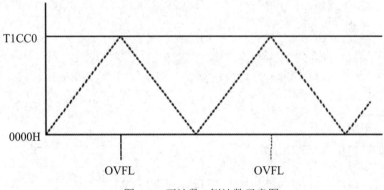

图 4-8　正计数 / 倒计数示意图

从上述三种工作方式大致能够了解到如下要点：
- 控制寄存器 T1CTL 用于控制定时器操作。
- 状态寄存器 T1STAT 保存中断标志，用于判断。
- 需要将定时器设置为自由运行模式、模模式、正计数 / 倒计数模式三种工作模式中的某一种。

因此，编程要点如下：

第一步：设置好主时钟。

第二步：设置 T1CTL 寄存器，设置内容为定时器的：通道、分频方式、工作方式。

第三步：使用定时器。这里的使用可以直接采用主程序查询，也可以使用中断，如果使用中断则需要编写中断子程序。

## 4.3 系统时钟源与定时器操作示范

### 4.3.1 算法设计与代码翻译

本章介绍的主系统时钟逻辑与定时器均在 CC253x 处理器内部，那么如何能够知道定时器工作是否正常呢？这就要使用 LED 等辅助硬件来确认。

应用目标：用定时器 1 来改变 LED1 和 LED2 的状态，T1 每溢出 30 次，LED1、LED2 亮灭状态同时改变一次。

（1）算法设计与代码翻译。

**算法 4-1 应用部分算法**

```
第一步：系统初始化，统计溢出次数清零
第二步：在无限循环中做
    如果 是定时器 1 发出的中断
    {
            清除中断标志
            溢出次数加一
            如果 溢出次数为 30 次
            {
                    溢出次数清零
                    LED1 和 LED2 的状态取反
            }
    }
```

**算法 4-2 初始化部分算法**

第一步：选中 LED1 和 LED2 对应的 I/O 口

第二步：设置这些 I/O 口的方向

第三步：设置 LED1 和 LED2 的初始状态（亮 LED1，灭 LED2）

第四步：设置系统工作的主时钟为 32MHz

第五步：设置定时器 1 为：通道 0、8 分频、自动重载模式

（2）参考源代码部分（新大陆时代教育有限公司提供）。

```
/******************************************************************/
#include "ioCC2530.h"
/******************************************************************/
// 定义 LED 灯端口：p1.3、p1.4
```

```c
#define LED1 P1_0     // P1_0 定义为 P1.0
#define LED2 P1_1     // P1_1 定义为 P1.1
unsigned int counter=0; // 统计溢出次数
/*****************************************************************
* 函数名称：init
* 功    能：初始化系统 IO，定时器 T1 控制状态寄存器
* 入口参数：无
* 出口参数：无
* 返 回 值：无
*****************************************************************/
void init(void)
{
    nsigned char clkconcmd,clkconsta;
    P1SEL &= ~0x03;            // 设置 LED1、LED2 为普通 IO 口
    P1DIR |= 0x003 ;           // 设置 LED1、LED2 为输出
    LED1 = 0;
    LED2 = 1;                  // 灭 LED
    CLKCONCMD &= 0x80;         // 时钟速度设置为 32MHz
    /* 等待所选择的系统时钟源（主时钟源）稳定 */
    clkconcmd = CLKCONCMD;     // 读取时钟控制寄存器 CLKCONCMD
    do
    {
        clkconsta = CLKCONSTA; // 读取时钟状态寄存器 CLKCONSTA
    }while(clkconsta != clkconcmd);  // 直到 CLKCONSTA 寄存器的值与 CLKCONCMD 寄存器的值
                               // 一致，说明所选择的系统时钟源（主时钟源）已经稳定
    T1CTL = 0x05;              // 通道 0、8 分频，自动重载
}
/*****************************************************************
* 函数名称：main
* 功    能：main 函数入口
* 入口参数：无
* 出口参数：无
* 返 回 值：无
*****************************************************************/
void main(void)
{
    init();  // 调用初始化函数
    unsigned int counter=0;    // 统计溢出次数
    while(1)
    {
        if((IRCON & 0x02)==0x02)
        {
            IRCON &= ~0x02;    // 清溢出标志
            counter++;
            if(counter==30)    // 中断计数，约 0.5s (32/8)*10^6/65535/30=2Hz
            {
```

```
            counter =0;
            LED1 = !LED1;
            LED2 = !LED2;
        }
    }
  }
}
```

### 4.3.2 创建工程、编译与调试

在计算机中创建一个文件夹，例如这里在 E 盘创建了 4.3.2 这个文件夹，用于保存工程的全部文档。读者可以自行创建自己合适名称的文件夹，建议不要用中文命名。

第一步：依照 1.4 节的介绍启动 IAR 集成开发环境，创建一个新工程，如图 4-9 所示。

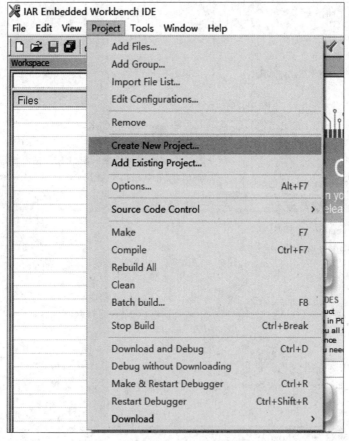

图 4-9　创建工程

在弹出的对话框中单击 OK 按钮，如图 4-10 所示。

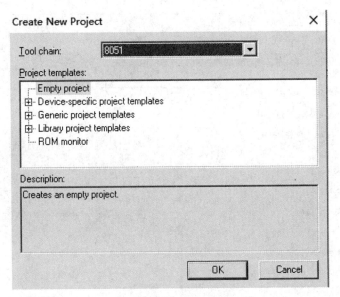

图 4-10　Create New Project 对话框

保存文档到刚创建的文件夹下,如图 4-11 所示。

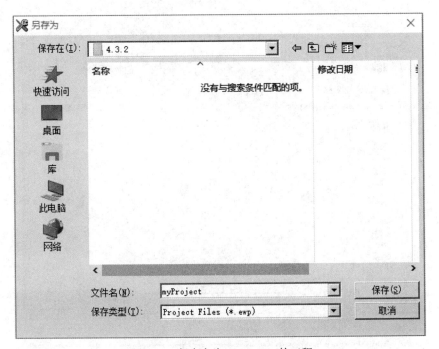

图 4-11　保存名为 myProject 的工程

第二步:创建 C 文档。

单击 File → New → File 命令,创建一个空白文档,如图 4-12 所示。

按 Ctrl+S 组合键保存该文档,这里命名为 Chapter4.c,注意后缀名为 .c,读者也可以自行命名,如图 4-13 所示。

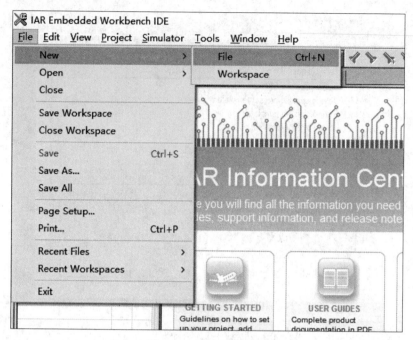

图 4-12　创建空白文档

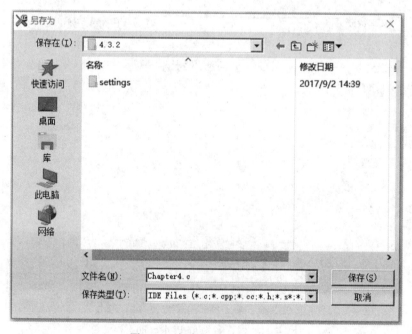

图 4-13　保存 Chapter4.c 文档

在左侧 Workspace 框中工程名 myProject 的蓝色行上右击并选择 Add → Add "Chapter4.c" 选项，添加刚刚创建的 Chapter4.c 文件到 myProject 工程中，如图 4-14 所示。

添加 Chapter4.c 文档到工程后会在工程目录下自动产生一个 Output 文件夹，如图 4-15 所示。

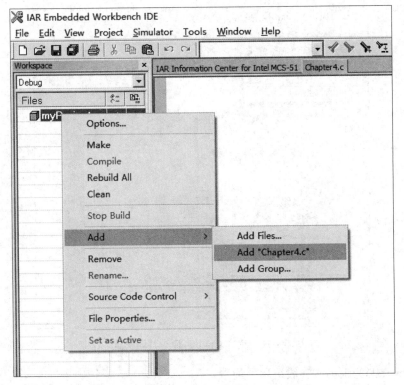

图 4-14 添加 Chapter4.c

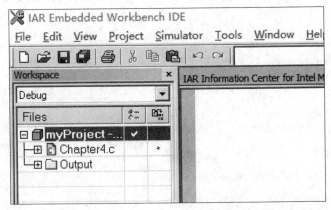

图 4-15 添加 Chapter4.c 后工程自动产生一个 Output 文件夹

第三步：配置工程。

在左侧 Workspace 框中工程名 myProject 的蓝色行上右击并选择 Options 命令，如图 4-16 所示。

工程配置的主要内容为三个项目：General Options（一般选项）、Linker（连接器）、Debugger（调试器）。

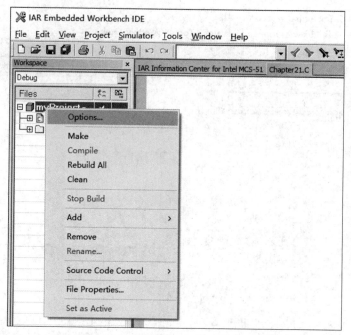

图 4-16　选择 Options 命令开始配置

（1）General Options（一般选项）配置。

单击 General Options（一般选项），在 General Options（一般选项）选项卡中需要配置三个标签：Target（目标，指针对哪种处理器）、Data Pointer（数据指针）、Stack/Heap（堆/栈）。

1）Target 配置。

单击 Device information（设备信息）中 Device: 行右侧的 ┅ 按钮，弹出设备选择型号对话框，如图 4-17 所示。

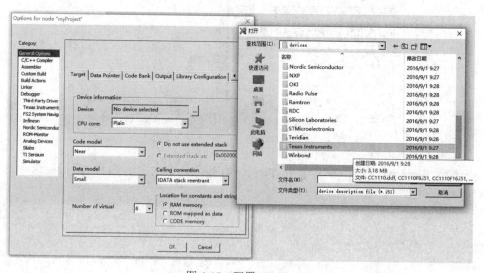

图 4-17　配置 Target

在打开的设备信息对话框中单击 Texas Instruments（德州仪器公司）文件夹，如图 4-17 的右侧所示。选中 CC2531F256.i51 文件，单击"打开"按钮，如图 4-18 所示。

图 4-18　选中 CC2531F256.i51 芯片

配置完成之后如图 4-19 所示。

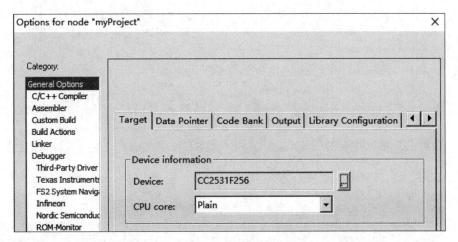

图 4-19　配置完成图

2）Linker 配置。

单击 Data Pointer 标签进行配置，在 Number of DPTRs 中选择 1，即只使用一个数据指针，如图 4-20 所示。

3）Debugger 配置。

配置 Stack/Heap（堆/栈）标签，配置参数如图 4-21 所示。

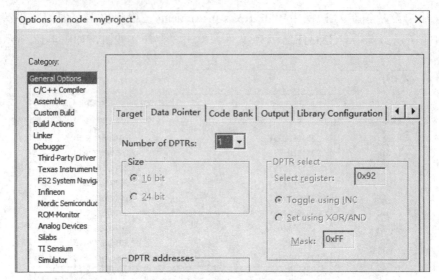

图 4-20　配置数据指针为一个

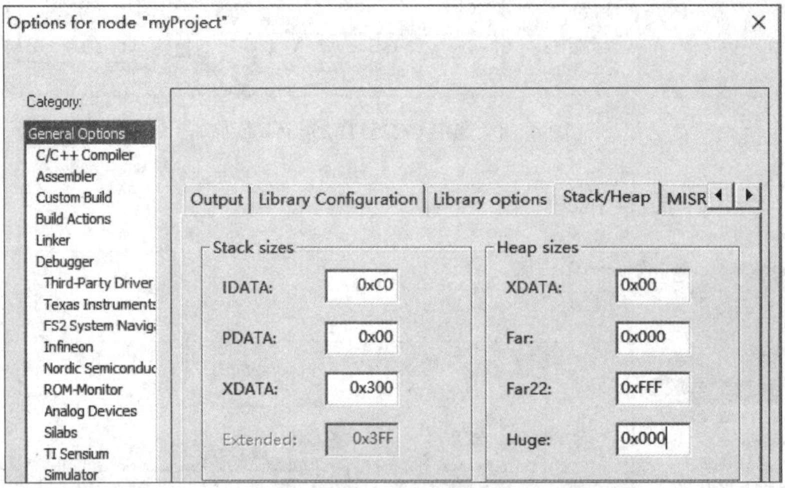

图 4-21　堆栈配置参数

具体的堆栈配置参数如表 4-1 所示。

表 4-1　堆栈配置参数

| Stack sizes | | Heap sizes | |
| --- | --- | --- | --- |
| IDATA | 0xC0 | XDATA | 0x00 |
| PDATA | 0x00 | Far | 0x000 |
| XDATA | 0x300 | Far22 | 0xFFF |
|  |  | Huge | 0x000 |

至此，Target 配置项目部分完成。

(2) Linker 连接器的配置。

Linker（连接器）部分的配置也有三个标签：Output、Extra Output、Config。

1) Output（输出）标签。单击 Output 标签，在 Allow C-SPY-specific extra output file 前面的框中打钩（单击一下该框即可打钩），意思是允许 C 语言指定监控附加输出文件，如图 4-22 所示。

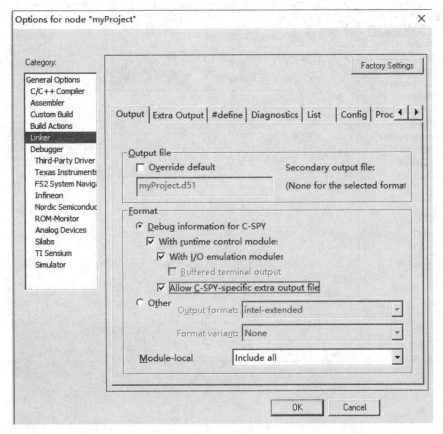

图 4-22　选中 Allow C-SPY-specific extra output file 复选框

2) Extra Output（附加输出）标签：单击 Extra Output 标签，在 Generate extra output file 前面的框中打钩，意思是产生附加的输出文件。选中该项目后，在编译成功之后会自动产生可以被 CC2531 处理器识别的 HEX 可执行文件，并且在下方的 Output file 内的 Override default 前面打钩，并将文件名的后缀 .sim 改成 .hex。配置过程如图 4-23 所示。

3) Config（配置）标签。单击 Config 标签，在 Linker command file（连接器命令文件）项目下面的 Override default（改写默认值）前面的框中打钩，并单击下面的▣按钮，重新定位 Linker command file 到目录：D:\Program Files (x86)\IAR Systems\Embedded Workbench 4.5\8051\config\ 下面的 lnk51ew_cc2531.xcl 文件。这个操作很容易被初学者混淆，操作的时候只有一个要点：单击▣按钮之后，再单击两次"向上"的按钮，就会定位到 Config 目录下面。Config 目录下面的 lnk51ew_cc2531.xcl 文件如图 4-24 所示。

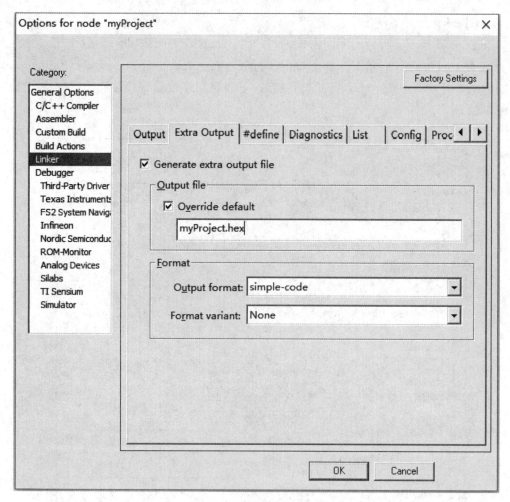

图 4-23　配置附加输出文件

> **注意：**
> 作者的计算机将 IAR 集成开发环境安装到了 D 盘 Program Files (x86) 目录下。读者在操作的时候，单击了 ⋯ 按钮之后，只需要再单击两次"向上"按钮就可以定位到该目录下。请读者注意，一定要是 config 目录下面的 lnk51ew_cc2531.xcl 文件，而不是 D:\Program Files (x86)\IAR Systems\Embedded Workbench 4.5\8051\config\devices\Texas Instruments\。

单击"打开"按钮完成 Config 部分的配置。

（3）Debugger（调试）配置。在 Debugger 中仅有 Driver（驱动）一项需要配置，单击 Driver 下拉列表框，选中 Texas Instruments（德州仪器公司），表示使用德州仪器公司提供的实际硬件作为驱动程序，如图 4-25 所示。

图 4-24　Config 目录下的 lnk51ew_cc2531.xcl 文件

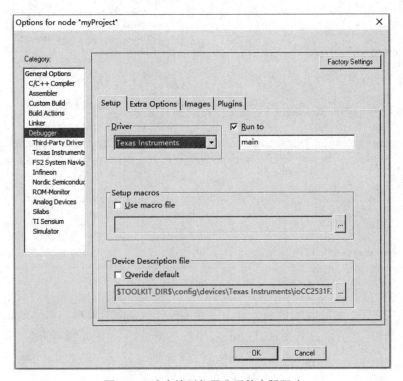

图 4-25　选中德州仪器公司的实际驱动

至此，整个工程的配置全部完成。

第四步：输入 4.3.1 节给出的源代码到 Chapter4.c 文档中。

输入完成后,单击 File → Save All 命令保存全部文件和工作空间,如图 4-26 所示。
注意本书保存的 Workspace 名称为 myWorkspace,读者可以自行命名。
第五步:编译与调试。
代码输入完成之后,单击"编译"按钮编译源代码,编译命令如图 4-27 所示。

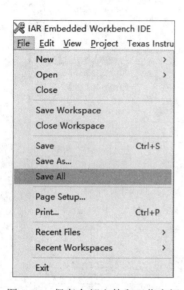

图 4-26 保存全部文件和工作空间

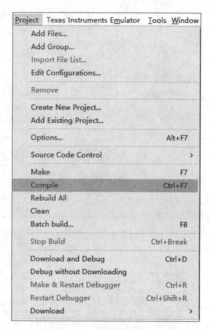

图 4-27 编译源代码

编译结果在下面的 Messages 栏(输出信息栏)中显示,本次编译的结果如图 4-28 所示。

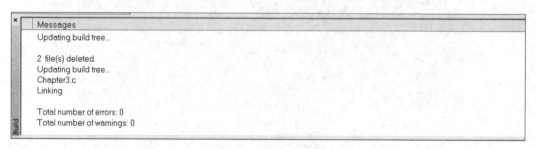

图 4-28 编译源代码

编译完成之后,单击向右的绿色箭头下载可执行代码到开发板,启动调试与试运行过程,该按钮的作用是 Download and Debug(下载与调试),如图 4-29 所示。

图 4-29 "下载与调试"按钮

下载过程中弹出下载过程进度条，如图 4-30 所示。

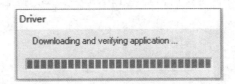

图 4-30　下载进度条

下载结束后，转到调试界面。IAR 集成开发环境的调试界面如图 4-31 所示。

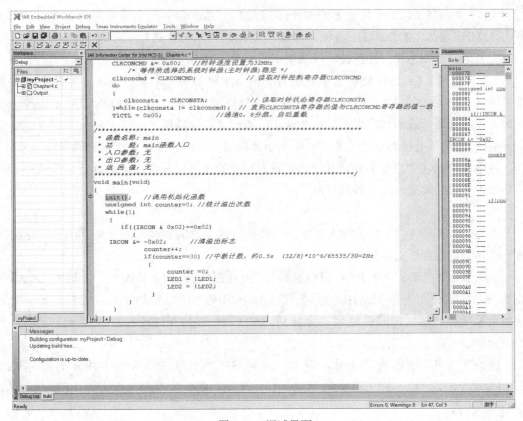

图 4-31　调试界面

在调试界面中单击 按钮启动全速运行过程，如图 4-32 所示。

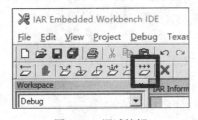

图 4-32　调试按钮

最终的运行结果是：实验板上的两个 LED 每间隔 0.5s 变换一次状态。当红色 LED 亮起时，绿色 LED 熄灭；间隔 0.5s 后，红色 LED 熄灭，绿色 LED 亮起；间隔 0.5s 后，重复整个过程。

## 4.4 本章小结

本章介绍了 CC253x 处理器的系统时钟源部分和定时器部分的基本使用方法，并给出了实例进行演示，其中：

4.1 节介绍了 CC2531 处理器的四个不同的时钟源，其中两个外接晶振作为时钟源：外部 32MHz 晶振、32.768kHz 晶振，以及内部的时钟源选择逻辑；介绍了内部模块定时器部分与时钟源在总线上的挂接，以及四个基本的定时器模块。

4.2 节介绍了 CC2531 处理器中系统时钟源与定时器的基本操作方法。时钟源的设置主要使用 CLKCONCMD 寄存器，时钟源状态的读取主要使用 CLKCONSTA 寄存器；对定时器模块介绍了基本工作方式，以及速度、工作方式等操作。

4.3 节给出了关键部分的算法设计和例子源代码，由读者进行自行实验操作。

在本章中，读者应当了解时钟源与定时器部分的内容，并希望读者自行实验代码，初步体会时钟源的配置与定时器的使用。

练习 1：请同学们自行仿照本章给出的过程实现本章的实验，并且将整个开发过程写成一份详细的过程性总结文档。

练习 2：根据第 2 章中 P1 口四根引脚与四个 LED 之间的关系编写一个简单的代码完成如下功能：分别选择 32MHz 晶体振荡器和 16MHz RC 振荡器作为 CC253x 系列片上系统的系统时钟源（主时钟源），看相同的 LED 闪烁代码在这两种时钟源下的闪烁速度的区别。

练习 3：同上题的连接方式，编写一个简单代码完成如下功能：用定时器 1 来改变 LED1、LED2、LED3、LED4 的状态，T1 每溢出 1000 次改变一次四个 LED 的行为。LED 的行为如下：

（1）全亮全灭。

（2）交替闪烁（LED1、LED3 亮的时候，LED2、LED4 灭，稍后反转）。

（3）一个 LED 左右移动（LED1、LED2、LED3、LED4 中只有一个 LED 亮起，但是能够实现从左走到右，然后从右走到左的运动效果）。

（4）四个 LED 逐个亮起，逐渐熄灭（全灭；亮 LED1，亮 LED1 和 LED2，亮 LED1、LED2、LED3，亮 LED1、LED2、LED3、LED4；亮 LED1、LED2、LED3；亮 LED1 和 LED2；亮 LED1；全灭）。

（5）LED 亮灭之间的时间间隔由读者自定。

# 第5章

# 串行通信

RS-232-C 是美国电子工业协会（Electronic Industry Association，EIA）制定的一种串行物理接口标准。RS 是英文 Recommend Standard 的缩写，232 为标识号，C 表示修改次数。RS-232-C 总线标准设有 25 条信号线，包括一个主通道和一个辅助通道。在多数情况下主要使用主通道，对于一般双工通信，仅需几条信号线就可实现，如一条发送线、一条接收线和一条地线，并且目前通常只使用 9 针接头的 RS-232 通信线，如图 5-1 所示。RS-232-C 标准规定的数据传输速率为 50、75、100、150、300、600、1200、2400、4800、9600、19200、38400b/s。

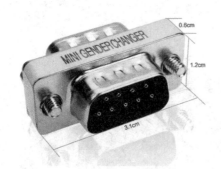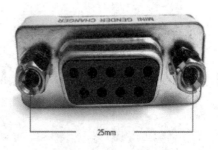

图 5-1　RS-232（9 针）接口

　　RS-232-C 标准规定，驱动器允许有 2500pF 的电容负载，通信距离将受此电容限制。例如，采用 150pF/m 的通信电缆时，最大通信距离为 15m；若每米电缆的电容量减小，通信距离可以增加。传输距离短的另一原因是 RS-232 属单端信号传送，存在共地噪声和不能抑制共模干扰等问题，因此一般用于 20m 以内的通信。具体通信距离还与通信速率有关，例如，在 9600b/s 时，普通双绞屏蔽线时距离可达 30～35m。

　　串行通信接口标准经过使用和发展，目前已经有几种，但都是在 RS-232 标准的基础上经过改进而形成的。因此这里以 RS-232-C 为主来讨论。RS-232-C 标准是美国 EIA 与 BELL 等公司一起开发的 1969 年公布的通信协议，它适合于数据传输速率在 0～20000b/s 范围内的通信。这个标准对串行通信接口的有关问题，如信号线功能、电气特性等都作了明确规定。由于通信设备厂商都生产与 RS-232-C 制式兼容的通信设备，因此，它作为一种标准目前已在微机通信接口中广泛采用。

　　首先，RS-232-C 标准最初是远程通信连接数据终端设备（Data Terminal Equipment，DTE）与数据通信设备（Data Communicate Equipment，DCE）而制定的，因此这个标准的制定并未考虑计算机系统的应用要求。但目前它又广泛地被借来用于计算机（更准确地说，是计算机接口与终端或外设之间的近端连接标准）。显然，这个标准的有些规定和计算机系统是不一致的。有了对这种背景的了解，我们对 RS-232-C 标准与计算机不兼容的地方就不难理解了。

　　其次，RS-232-C 标准中所提到的"发送"和"接收"都是站在 DTE 立场上，而不是站在 DCE 的立场上来定义的。由于在计算机系统中，往往是 CPU 和 I/O 设备之间传送信息，两者都是 DTE，因此双方都能发送和接收。

【注】上述介绍内容参考了百度百科。

串行通信（RS-232）是较早的一种通信方式，它也是一种非常常用的通信方式。在现代计算机中，串行通信接口已经逐渐消失，但是对于嵌入式开发而言，这种通信方式仍广泛用于开发过程当中。至少，它可以实现嵌入式设备与计算机之间的简单通信过程。在器件手册中有一段话："USART0 和 USART1 是串行通信接口，它们能够分别运行于异步 UART 模式或同步 SPI 模式。两个 USART 具有同样的功能，可以设置在单独的 I/O 引脚上。"本章不讨论 SPI 模式，只讨论串行通信（UART）模式。注意观察图 5-2 中方框部分与外部的连接方式。

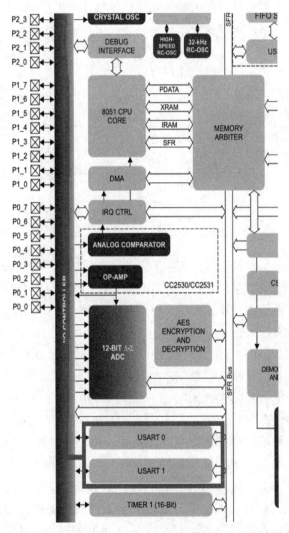

图 5-2　CC2531 处理器内部两个串行通信模块与外部的连接方式

由图可见，在 CC2531 处理器中有两个串口 UART0 和 UART1，并且这两个串口与外部连接的方式通过 I/O Controller（I/O 控制器）来连接。因此理论上，这两个串口可以连接到 P0、P1、P2 三个 I/O 口的任意引脚上。

## 5.1　串行通信基本原理

前面我们初步了解了串行通信的基本知识。本章的目标就是使用这些知识来设计和实现上位机（计算机）与下位机的串行通信。计算机与单片机稳定地通信能够让计算机与单片机之间进行"交流"，也就是说计算机可以向嵌入式系统发送数据，嵌入式系统也可以向计算机发送数据，双方可以实现双向通信。双向通信的实际作用就是可以使用计算机系统控制嵌入式系统，当然也可以使用嵌入式系统控制计算机系统，最终，如果能够形成一个网络，则可以实现网络控制以及分布式系统等应用目标。下面就从设计方案的角度进行初步设计的讨论。

本章初步介绍串行通信模块的设计，可以依照最简单、最基本的交叉连接方法进行物理线路的连接，希望连接的线最少，能够保证基本的双向传输的要求即可。即上位机与单片机系统通过 RS-232 串行通信线进行连接，连接的时候仅仅使用其必需的三根线：RX、TX、GND。其典型的连接方式如图 5-3 所示。

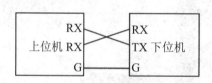

图 5-3　上位机与下位机连接示意图

在图 5-3 中，计算机作为上位机只需要提供 RX、TX、G（GND 地线）三根线，并与作为下位机的单片机系统进行连接即可。单片机也必须有 RX、TX、G 三根线，以提供连接到上位机的 RS-232 线。连接的时候为交叉连线，也就是上位机的 RX 线连接到下位机的 TX 线，上位机的 TX 线连接到下位机的 RX 线，地线与地线直接相连，RS-232 接口中的其他线均可以不连接。这样就以最简单的连线方法完成了 RS-232 接口的基本连接。在实际连接当中，不一定需要标准的 RS-232 所采用的 DB9 接头，而只需要简单跳三根线连接即可。在后续的硬件连接中，我们将在图片中看到这种简单又实用的连接方式。

在实际当中有两种串行通信硬件设计方案：一种是基本 RS-232 串口通信模块，另一种是 USB 转 RS-232 串口通信模块，如图 5-4 所示。基本 RS-232 串口通信模块是以 232 芯片为主的硬件设计方案，它仅能用于常用的 DB9 接头的 232 通信接口。在现代计算机系统当中，尤其是现代的笔记本电脑与最近几年的台式机主板上均已经逐渐淘汰了这种 DB9 接头。因此当我们希望使用 RS-232 与计算机连接的时候，在计算机上没有对应的接头与单片机系统进行物理连接时问题就出现了。那么采用 USB 转 RS-232 串口通信的方案就被提了出来，至少在单片机端是有 RS-232 接头的，一端用 RS-232，另一端采用 RS-232 转串口连接到计算机。这种方案的设计思想可以使用简图来描述，并且可以对比计算机与单片机使用 RS-232 接口直连的区别。

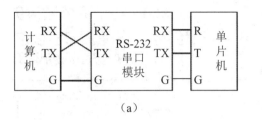 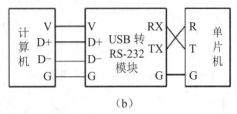

图 5-4 串口模块与 USB 转串口模块

图(a)中描述的是计算机与单片机连接当中的转换模块 RS-232 串口模块。硬件设计当中应当设计 RS-232 串口模块,原因是计算机端串口提供的电压与单片机端提供的电压不能匹配,所以需要设计这个硬件模块来进行转换。这样做的限制即要求计算机必须有串口接头 DB9(带有图 5-1 所示接头的计算机)。

图(b)中描述的是计算机与单片机连接直接使用 USB 接口,这样的话绝大多数计算机都是可以通用的。但是需要图中正中间的这个 USB 转 RS-232 转换模块来解决把 RS-232 接口转换为 USB 接口这个问题。该 USB 转 RS-232 模块一方面需要与单片机进行串口通信,另一方面需要转换 RS-232 串行通信标准为 USB 标准,并需要在计算机上安装驱动支持这个 USB 转 RS-232 模块。

综合上述的分析可知,在硬件设计角度应当考虑两种方案:一种方案是传统的 RS-232 所需要的匹配传统 DB9 接头的 RS-232 串口模块设计方案;另一种方案就是使用 USB 转 RS-232 串口模块的设计方案。那么在后续的硬件设计当中,我们会给出两种设计方案。

考虑两种硬件的设计方案来进入原理图设计阶段,首先来考察第一种仅仅使用 DB9 接头的 RS-232 标准的硬件设计方案。目前市面上有很多 232 芯片,典型的芯片为 MAX232,国内也有很多公司生产 232 芯片,典型的例如 STC232 芯片,其引脚都是以 MAX232 芯片为依据,都是通用并允许互换的。多数情况下,在硬件原理图设计过程中没有需要特别注意之处,唯一需要读者注意的是,如果 MAX232 芯片非原装进口芯片则可能有自激现象发生,该现象在实际使用当中烧毁芯片的可能性很大,因此在设计过程中可以适当采用国产芯片,例如 STC232,以避免该问题的发生。

图 5-5 所示是 MAX232 芯片器件手册中原理图参考设计需要的部分,这是在美信公司的官方网站上下载下来的,读者也可以在美信官网上找到这份手册。通过图 5-5 可以很明显看到在 MAX232 周围有五个电容,这五个电容是这个模块设计的关键,剩下的部分就是接口部分。下面我们给出原理图设计,并且在随后将对这个原理图设计中的每一部分进行简要描述,希望读者进一步体会与理解原理图设计过程。

图 5-6 中大致有五个部分:DB9 接头部分、到单片机的电源与通信开关部分、PWR 电源输入部分、附加外部接头 PX 部分、MAX232 模块部分。

(1) DB9 接头部分。

DB9 接头部分用于连接模块与计算机,接头实物如图 5-7 所示。

无线传感器网络技术应用

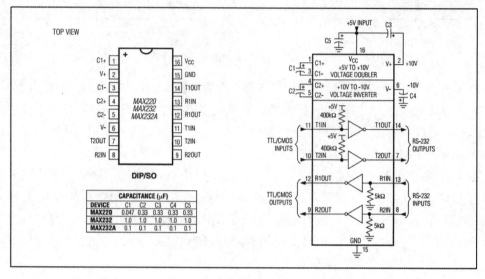

图 5-5 MAX232 器件手册部分

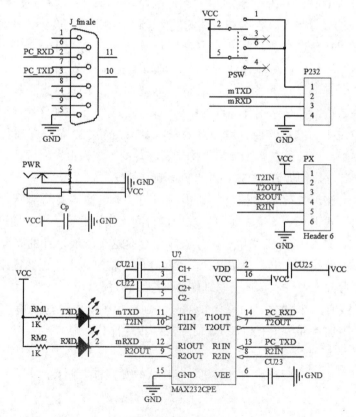

图 5-6 原理图设计

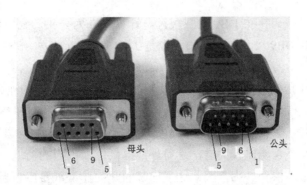

图 5-7　DB9 的两种接头实物图

这里显然需要搞明白的是计算机一端提供的是公头，而当我们进行 RS-232 模块设计的时候采用的 DB9 接头应该是母头，读者在市面上就可以买到通用的 RS-232 串行通信线，RS-232 常用串行通信线的实物如图 5-8 所示。

图 5-8　RS-232 串口线实物

实际的 RS-232 串口线一般就是图 5-8 右图这种一头为公头另外一头是母头的线，当然也有其他的种类，只是这一种较为通用。注意到 RS-232 通信端口只需要三根线即可正常工作，即其提供给计算机的 DB9 端口有三根线 RX、TX、GND。DB9 接头部分原理图设计如图 5-9 所示。

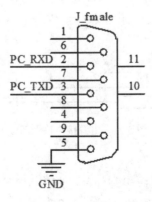

图 5-9　DB9 接头部分

在图 5-9 中，实际只使用了 DB9 接头的 2、3、5 三个引脚，这三个引脚分别对应了计算机主板上引出的串口接头 DB9 的三根针。计算机端为公头,我们设计的 DB9 接头部分为母头,计算机端 DB9 公头的连接引脚也是 2、3、5 三个引脚。

(2)到单片机的电源与通信开关部分。

模块另外一端连接到微处理器,其与微处理器同样是三根线相连接 RX、TX、GND。由于考虑到这个通信模块的复用问题,因此需要加装一个开关。这里需要解释一下复用问题。在计算机与单片机之间的整个 RS-232 模块实际上有两种功能:第一个功能毋庸置疑就是通信功能;第二个功能比较关键,是对外部提供电力供应的功能,也就是需要将串行通信电路板上的电源提供到外部,因此这里加装的开关非常重要,它起到了控制是否对外部提供 5V 电源,给通过串行连接的外部通信系统供电。

由图 5-10 可以看到开关 PSW 用于给外部通信系统供电,P232 接头可见 RS-232 模块到单片机之间的通信需要四根线:1 号引脚电源线、2 号引脚 TX 线、3 号引脚 RX 线、4 号引脚 GND 线,其中 1 号线附近应该有个电源开关,用来作为单片机的系统电源。

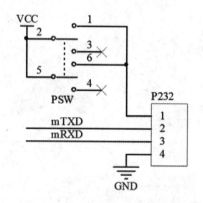

图 5-10　到单片机的电源与通信开关部分

(3)PWR 电源输入部分。

电源输入部分较为简单,仅有一个电源接头的插口,允许外部插入 5V 电源,然后整个 RS-232 模块可以直接工作。其设计如图 5-11 所示。

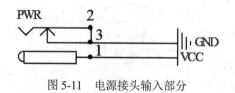

图 5-11　电源接头输入部分

(4)附加外部接头 PX 部分。

附加外部接头只是将一组电源引到外部,并将 MAX232 芯片内部另外一个没有被使用的串口模块部分引出到外部以备用,如图 5-12 所示。

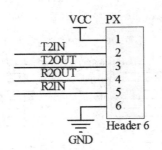

图 5-12　附加外部接头部分

（5）MAX232 模块部分。

最重要的部分就是 MAX232 模块部分，这部分在设计角度是不能连接错误的，否则一旦制版完成将无法修改，只能重新设计。

在图 5-13 中，MAX232 芯片周围有五个电容：CU21、CU22、CU23、CU25 和 Cp，其值均为 0.1μF。在 MAX232 芯片的 11 号引脚与 12 号引脚均连接了一个 LED，作用为指示是否存在计算机与嵌入式系统之间的通信过程，如果存在双向通信过程，这两个 LED 会闪烁。上述已经完整介绍了图 5-6 所示原理图设计的全部内容，这里仅介绍了 RS-232 模块的详细设计过程，对于 USB 转 RS-232 模块我们不打算详细介绍，这是因为可以采用南京沁恒电子有限公司的 CH340 芯片完成 USB 转 RS-232 模块的设计，其官方网站直接给出了参考原理图、PCB 以及元器件清单。由于设计非常简练，为了设计需要可以仅在原理图上加入对单片机板供电的电源开关，并在 PCB 设计上进行简单改进，以便于本课程的教学使用，除此之外没有任何改动。图 5-14 就是我们在官方网站发布的原理图基础上稍加改动的设计。

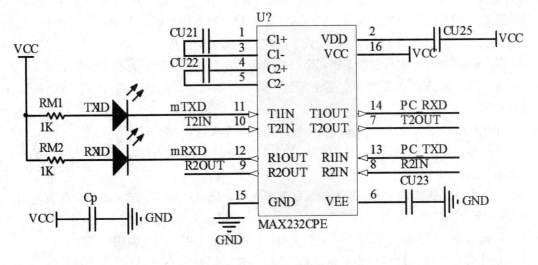

图 5-13　MAX232 模块部分

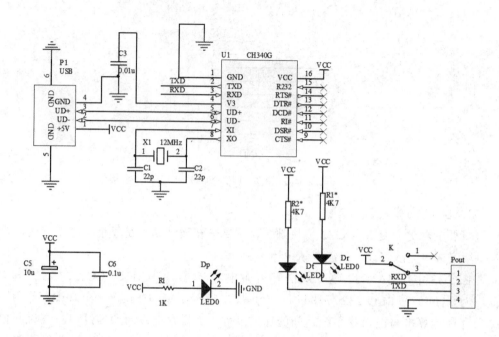

图 5-14 USB 转 RS-232 模块原理图

## 5.2 串行通信部分基本操作过程

串行通信部分基本操作软件设计的关注要点只有一个，那就是成功地进行双向通信。更加简化问题就是计算机发送一串命令符号，单片机系统执行对应的命令，这整个过程是如何做到的？事实上，在计算机系统上有很多软件，比如 Windows 系统会预装超级终端作为默认的通信软件，当然也可以使用 STC-ISP 软件进行串口通信工作。下面就来说明整个上位机（计算机）到下位机（嵌入式系统）的简易通信过程。

第一步：在嵌入式系统板上找到串口，然后将串口线连接到嵌入式系统板上。

第二步：将串口线的另外一端连接到计算机，如果计算机没有串口则连接一根 USB 转串口线到计算机。

第三步：在计算机上打开串行通信软件，例如 STC-ISP 软件。

第四步：使用 STC-ISP 软件的接收窗口（文本模式）来查看接收到的嵌入式系统板上发来的数据。

第五步：如果嵌入式系统板上的软件部分支持，则可以接收 STC-ISP 软件上发送窗口（一般为十六进制模式）发送的命令符号串，并观察嵌入式系统板上的运行效果。

由此可见，如果能够实现上述五个步骤，实际上就可以进行双向通信了。

并且 UART 模式提供异步串行接口。在 UART 模式中，接口使用 2 线或者含有引脚 RXD、TXD、可选 RTS 和 CTS 的 4 线。UART 模式的操作具有以下特点：

- 8 位或 9 位负载数据。

- 奇校验、偶校验或者无奇偶校验。
- 配置起始位和停止位电平。
- 配置 LSB 或 MSB 首先传送。
- 独立收发中断。
- 独立收发 DMA 触发。
- 奇偶校验和帧校验出错状态。

UART 模式提供全双工传送，接收器中的位同步不影响发送功能。传送一个 UART 字节包含 1 个起始位、8 个数据位、1 个作为可选项的第 9 位数据或者奇偶校验位，再加上 1 个或 2 个停止位。

> **注意：**
> 虽然真实的数据包含 8 位或者 9 位，但是数据传送只涉及一个字节。UART 操作由 USART 控制和状态寄存器 UxCSR 以及 UART 控制寄存器 UxUCR 来控制。这里的 x 是 USART 的编号，其数值为 0 或 1，当 UxCSR.MODE 设置为 1 时，就选择了 UART 模式。

（1）UART 发送。

当 USART 收/发数据缓冲器、寄存器 UxBUF 写入数据时，该字节发送到输出引脚 TXDx，UxBUF 寄存器是双缓冲的。当字节传送开始时，UxCSR.ACTIVE 位变为高电平，而当字节传送结束时为低。当传送结束时，UxCSR.TX_BYTE 位设置为 1，当 USART 收/发数据缓冲寄存器就绪，准备接收新的发送数据时，就产生了一个中断请求。该中断在传送开始之后立刻发生，因此，当字节正在发送时，新的字节能够装入数据缓冲器。

（2）UART 接收。

当 1 写入 UxCSR.RE 位时，在 UART 上数据接收就开始了，然后 UART 会在输入引脚 RXDx 中寻找有效起始位，并且设置 UxCSR.ACTIVE 位为 1。当检测出有效起始位时，收到的字节就传入到接收寄存器，UxCSR.RX_BYTE 位设置为 1，该操作完成时产生接收中断，同时 UxCSR.ACTIVE 变为低电平。通过寄存器 UxBUF 提供收到的数据字节，当 UxBUF 读出时，UxCSR.RX_BYTE 位由硬件清零。

（3）波特率的产生。

当运行在 UART 模式时，内部的波特率发生器设置 UART 波特率；当运行在 SPI 模式时，内部的波特率发生器设置 SPI 主时钟频率。由寄存器 UxBAUD.BAUD_M[7:0] 和 UxGCR.BAUD_E[4:0] 定义波特率，该波特率用于 UART 传送，也用于 SPI 传送的串行时钟速率。波特率公式如下：

$$波特率 = \frac{(256 + BAUD\_M) * 2^{BAUD\_E}}{2^{28}} * f$$

式中 f 是系统时钟频率，等于 16 MHz RCOSC 或 32 MHz XOSC。标准波特率所需的寄存器值如表 5-1 所示，该表适用于典型的 32 MHz 系统时钟。真实波特率与标准波特率之间的误差用百分数表示。当 BAUD_E 等于 16 且 BAUD_M 等于 0 时，UART 模式的最大波特率是 f/16，且 f 是系统时钟频率。SPI 模式下的最大波特率见设备数据手册。

表 5-1 32MHz 系统时钟下的常用波特率设置表

| 波特率 /b/s | UxBAUD.BAUD_M | UxGCR.BAUD_E | 误差 /% |
| --- | --- | --- | --- |
| 2400 | 59 | 6 | 0.14 |
| 4800 | 59 | 7 | 0.14 |
| 9600 | 59 | 8 | 0.14 |
| 14400 | 216 | 8 | 0.03 |
| 19200 | 59 | 9 | 0.14 |
| 28800 | 216 | 9 | 0.03 |
| 38400 | 59 | 10 | 0.14 |
| 57600 | 216 | 10 | 0.03 |
| 76800 | 59 | 11 | 0.14 |
| 115200 | 216 | 11 | 0.03 |
| 230400 | 216 | 12 | 0.03 |

> **注意：**
> 波特率必须通过 UxBAUD 和寄存器 UxGCR 在任何其他 UART 和 SPI 操作发生之前设置。这意味着使用这个信息的定时器不会更新，直到它完成它的起始条件，因此改变波特率是需要时间的。

（4）清除 USART。

通过设置寄存器位 UxUCR.FLUSH 可以取消当前的操作，这一事件会立即停止当前操作并且清除全部数据缓冲器。应注意在 TX/RX 位中间设置清除位，清除将不会发生，直到这个位结束（缓冲将被立即清除但是知道位持续时间的定时器不会被清除）。因此使用清除位应符合 USART 中断，或在 USART 可以接收更新的数据或配置之前使用当前波特率的等待时间位。

（5）USART 中断。

每个 USART 都有两个中断：RX 完成中断（URXx）和 TX 完成中断（UTXx）。当传输开始时触发 TX 中断，且数据缓冲区被卸载。USART 的中断使能位在寄存器 IEN0 和寄存器 IEN2 中，中断标志位在寄存器 TCON 和寄存器 IRCON2 中。关于这些寄存器的详细信息参见 2.5 节，下面是中断使能和标志的总结。

中断使能：

- USART0 RX：IEN0.URX0IE。

- USART1 RX：IEN0.URX1IE。
- USART0 TX：IEN2.UTX0IE。
- USART1 TX：IEN2.UTX1IE。

中断标志：
- USART0 RX：TCON.URX0IF。
- USART1 RX：TCON.URX1IF。
- USART0 TX：IRCON2.UTX0IF。
- USART1 TX：IRCON2.UTX1IF。

（6）USART 寄存器。

对于每个 USART，有如下 5 个寄存器（x 是 USART 的编号，为 0 或者 1）：
- UxCSR：USARTx 控制和状态。
- UxUCR：USARTx UART 控制。
- UxGCR：USARTx 通用控制。
- UxBUF：USART x 接收/发送数据缓冲。
- UxBAUD：USART x 波特率控制。

（7）USART 0 的选择。

SFR 寄存器位 PERCFG.U0CFG 选择是否使用备用位置 1 或备用位置 2。USART 0 信号显示如下：
- RX：RXDATA。
- TX：TXDATA。
- RT：RTS。
- CT：CTS。

P2DIR.PRIP0 选择为端口 0 指派一些外设的优先顺序。当设置为 00 时，USART 0 优先。注意如果选择了 UART 模式，且硬件流量控制禁用，UART 1 或定时器 1 将优先使用端口 P0.4 和 P0.5。P2SEL.PRI3P1 和 P2SEL.PRI0P1 选择为端口 1 指派一些外设的优先顺序。当它们两个都设置为 0 时，USART0 优先。注意如果选择了 UART 模式，且硬件流量控制禁用，定时器 1 或定时器 3 将优先使用端口 P1.2 和 P1.3。

总结上面的介绍，在串行通信的时候需要完成的工作有：

（1）配置 PERCFG 寄存器，将串口引导到外部 I/O 上。

（2）选择与串口有关的 I/O 引脚功能。

（3）设置波特率。

（4）选择串口模式。

（5）清楚残余数据。

（6）开串口中断。

（7）使用串口。

注意，常规情况下串口通信使用的都是中断方式，这种方式将会是很多处理器常用的慢速设备处理方式。

## 5.3 串行通信操作示范

无论使用何种嵌入式处理器,一般而言该处理器都有 RX 和 TX 这两根外接信号线,或是类似于 CC253x 处理器允许内部 UART 模块任意外接某两根 I/O,并将其设置成 RX 和 TX 信号线以显示其灵活性。这样在双机通信的时候,均可以使用 5.1 节中设计的串行通信模块,以匹配计算机端的 RS-232 电平。但是软件部分仍然依照各个处理器的不同而有区别,CC253x 处理器编程则需要使用 5.2 节最后的 7 个要点,这也是编程的关键点。

应用目标:实现从带有 CC253x 处理器的嵌入式设备上通过串口每隔一段时间发送字符串 "UART0 发送数据",在 PC 端实验串口助手来接收数据。实验使用 CC253x 的串口 1,波特率为 57600。

### 5.3.1 算法设计与代码翻译

依据上面一段分析就可以开始考虑如何设计在单片机板上运行的软件。依照应用目标的需求,参考上面分析的串行通信需要完成的过程分析下面给出的有关算法部分。

(1) 串口初始化部分算法设计。

**算法 5-1　串口初始化部分算法**

第一步:设置 PERCFG 寄存器,建立起与 P0 口的联系,即 UART0 相关引脚初始化,P0.2——RX,P0.3——TX
第二步:选中 P0 为串口,P0.2、P0.3 作为片内外设 I/O
第三步:P0 口外设优先级采用上电复位默认值,即 P2DIR 寄存器采用默认值
第四步:设置 UART0 波特率为 57600,查表知: UxBAUD.BAUD_M = 216,UxGCR.BAUD_E = 10
第五步:选中 UART 模式,配置 UART0
第六步:USART 清除
第七步:清除 UART0 中断标志
第八步:打开全局中断

(2) 定时器初始化部分算法设计。

**算法 5-2　定时器初始化部分算法**

第一步:配置定时器 1 的 16 位计数器的计数频率,定时 0.2s,计数 10 次,2s 发一次数据
第二步:系统时钟源速度设置为 32MHz
第三步:配置 128 分频,模比较计数工作模式,并开始启动
第四步:设定 timer1 通道 0 比较模式
第五步:写入计数初值 50000
第六步:清除 timer1 中断标志
第七步:清除通道 0 中断标志
第八步:不产生定时器 1 的溢出中断
第九步:使能定时器 1 的中断
第十步:使能全局中断

(3) 定时器中断部分算法设计。

**算法 5-3** 定时器中断部分算法

第一步：禁止全局中断
第二步：计数次数加一
第三步：如果计数次数大于或等于 10 次
　　　　计数清零
　　　　LED1 状态取反
　　　　送一串字符到上位机：UART0 发送数据
第四步：清 T1 的中断请求
第五步：清除通道 0 中断标志
第六步：使能全局中断

下面给出源代码（新大陆时代教育科技有限公司提供）。

```
/****************************************************************/
#include "ioCC2530.h" // 引用头文件，包含对 CC2530 的寄存器、中断向量等的定义
/****************************************************************/
// 定义 LED 灯端口
#define LED1 P1_0    // P1_0 定义为 P1.0

unsigned int counter=0;   // 统计溢出次数
/****************************************************************
* 函数名称：InitUART0
* 功  能：UART0 初始化
*         P0.2 RX
*         P0.3 TX
*         波特率：57600
*         数据位：8
*         停止位：1
*         奇偶校验：无
* 入口参数：无
* 出口参数：无
* 返 回 值：无
****************************************************************/
void initUART0(void)
{
 /* 片内外设引脚位置采用上电复位默认值，即 PERCFG 寄存器采用默认值 */
  PERCFG = 0x00;    // 位置 1 P0 口
   /* UART0 相关引脚初始化
     P0.2——RX,    P0.3——TX    P0.4——CT,    P0.5——RT */
   P0SEL = 0x3c;    //P0 用作串口，P0.2、P0.3、P0.4、P0.5 作为片内外设 I/O



 /* P0 口外设优先级采用上电复位默认值，即 P2DIR 寄存器采用默认值 */
 /* 第一优先级：USART0
    第二优先级：USART1
    第三优先级：Timer1  */


 /* UART0 波特率设置 */
```

```
    /* 波特率：57600
       当使用 32MHz 晶体振荡器作为系统时钟时，要获得 57600 波特率需要如下设置：
           UxBAUD.BAUD_M = 216
           UxGCR.BAUD_E = 10
           该设置误差为 0.03%
    */
    U0BAUD = 216;
    U0GCR = 10;


    /* USART 模式选择 */
    U0CSR |= 0x80;    // UART 模式

    /* UART0 配置，以下配置参数采用上电复位默认值：
           硬件流控：无
           奇偶校验位（第 9 位）：奇校验
           第 9 位数据使能：否
           奇偶校验使能：否
           停止位：1 个
           停止位电平：高电平
           起始位电平：低电平
    */
    U0UCR |= 0x80;    // 进行 USART 清除

    /* 用于发送的位顺序采用上电复位默认值，即 U0GCR 寄存器采用上电复位默认值 */
    /* LSB 先发送 */

    UTX0IF = 0;  // 清零 UART0 TX 中断标志
    EA = 1;      // 使能全局中断
}

/***************************************************************
 * 函数名称：initTimer1
 * 功    能：初始化定时器 T1 控制状态寄存器
 * 入口参数：无
 * 出口参数：无
 * 返 回 值：无
 ***************************************************************/
void initTimer1()
{
    /* 配置定时器 1 的 16 位计数器的计数频率，定时 0.2s，计数 10 次，即 2s 发一次数据
       Timer Tick    分频     定时器 1 的计数频率    T1CC0 的值    时长
       32MHz         /128     250kHz                 50000         0.2s */

    CLKCONCMD &= 0x80;    // 时钟速度设置为 32MHz
    T1CTL = 0x0E;         // 配置 128 分频，模比较计数工作模式，并开始启动
    T1CCTL0 |= 0x04;      // 设定 timer1 通道 0 比较模式
```

```
    T1CC0L =50000 & 0xFF;              // 把 50000 的低 8 位写入 T1CC0L
    T1CC0H = ((50000 & 0xFF00) >> 8);  // 把 50000 的高 8 位写入 T1CC0H

    T1IF=0;         // 清除 timer1 中断标志（同 IRCON &= ~0x02）
    T1STAT &= ~0x01; // 清除通道 0 中断标志

    TIMIF &= ~0x40; // 不产生定时器 1 的溢出中断
    // 定时器 1 的通道 0 的中断使能 T1CCTL0.IM 默认使能
    IEN1 |= 0x02;   // 使能定时器 1 的中断
    EA = 1;         // 使能全局中断
}


/*****************************************************************
* 函数名称：UART0SendByte
* 功    能：UART0 发送一个字节
* 入口参数：c
* 出口参数：无
* 返 回 值：无
******************************************************************/
void UART0SendByte(unsigned char c)
{
  U0DBUF = c;       // 将要发送的 1 字节数据写入 U0DBUF（串口 0 收发缓冲器）
  while (!UTX0IF); // 等待 TX 中断标志，即 U0DBUF 就绪
  UTX0IF = 0;       // 清零 TX 中断标志
}



/*****************************************************************
* 函数名称：UART0SendString
* 功    能：UART0 发送一个字符串
* 入口参数：无
* 出口参数：无
* 返 回 值：无
******************************************************************/
void UART0SendString(unsigned char *str)
{
  while(1)
  {
    if(*str == '\0') break;       // 遇到结束符，退出
    UART0SendByte(*str++);        // 发送一字节
  }
}


/*****************************************************************
```

```
 * 功　能：定时器 T1 中断服务子程序
 *****************************************************************/
#pragma vector = T1_VECTOR   // 中断服务子程序
__interrupt void T1_ISR(void)
 {
   EA = 0;  // 禁止全局中断
   counter++;
   if(counter>=10)
    { counter=0;
     LED1 = !LED1;
     UART0SendString("UART0 发送数据 \n");  // 从 UART0 发送字符串
    }
  // T1IF=0;  // 清 T1 的中断请求
   T1STAT &= ~0x01;  // 清除通道 0 中断标志
   EA = 1;  // 使能全局中断
}
/*****************************************************************
* 函数名称：main
* 功　能：main 函数入口
* 入口参数：无
* 出口参数：无
* 返回值：无
*****************************************************************/
void main(void)
 {
   P1DIR |= 0x01;      /* 配置 P1.0 的方向为输出 */
   inittTimer1();      // 初始化 Timer1
   initUART0();        // UART0 初始化
   while(1) ;
}
```

### 5.3.2　创建工程、编译与调试

在计算机中创建一个文件夹，例如这里在 E 盘创建了 5.3.2 这个文件夹，用于保存工程的全部文档。读者可以自行创建自己合适名称的文件夹，建议不要用中文命名。

第一步：依照 1.4 节的介绍启动 IAR 集成开发环境，创建一个新工程，如图 5-15 所示。
在弹出的对话框中单击 OK 按钮，如图 5-16 所示。
保存文档到刚创建的文件夹下，如图 5-17 所示。
第二步：创建 C 文档。
单击 File → New → File 命令，创建一个空白文档，如图 5-18 所示。
按 Ctrl+S 组合键保存该文档，命名为 Chapter5.c，注意后缀名为 .c，读者也可以自行命名，如图 5-19 所示。

第 5 章　串行通信

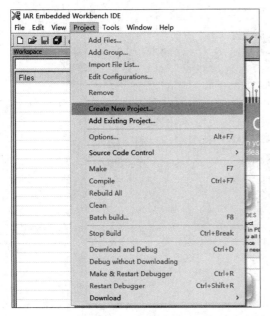

图 5-15　创建工程

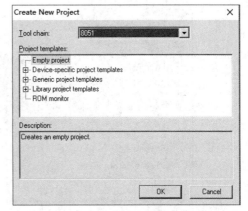

图 5-16　Create New Project 对话框

图 5-17　保存名为 myProject 的工程

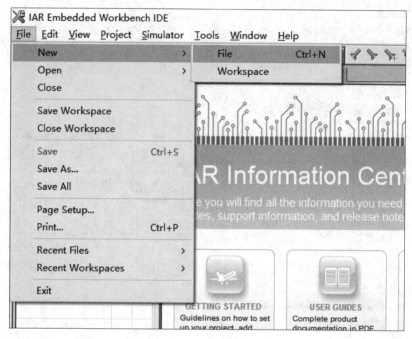

图 5-18 创建空白文档

图 5-19 保存 Chapter4.c 文档

在左侧 Workspace 框中工程名 myProject 的蓝色行上右击并选择 Add → Add "Chapter5.c" 选项，添加刚刚创建的 Chapter5.c 文件到 myProject 工程中，如图 5-20 所示。

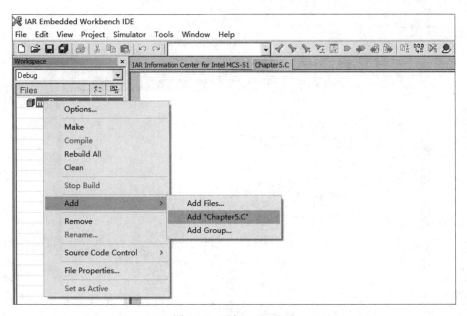

图 5-20　添加 Chapter5.c

添加 Chapter5.c 文档到工程后会在工程目录下自动产生一个 Output 文件夹，如图 5-21 所示。

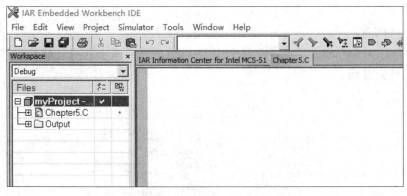

图 5-21　添加 Chapter5.c 后工程自动产生一个 Output 文件夹

第三步：配置工程。

在左侧 Workspace 框中工程名 myProject 的蓝色行上右击并选择 Options 命令，如图 5-22 所示。

工程配置的主要内容为三个项目：General Options（一般选项）、Linker（连接器）、Debugger（调试器）。

（1）General Options（一般选项）配置。

单击 General Options（一般选项），在 General Options（一般选项）选项卡中需要配置三个标签：Target（目标，指针对哪种处理器）、Data Pointer（数据指针）、Stack/Heap（堆/栈）。

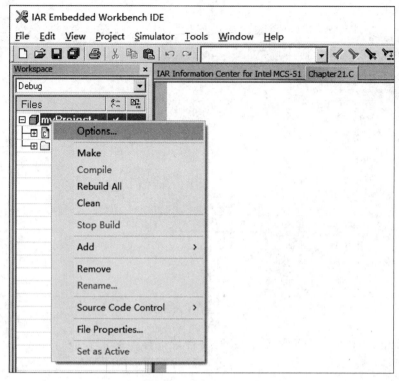

图 5-22　单击 Options 命令开始配置

1）Target 配置。

单击 Device information（设备信息）中 Device: 行右侧的 按钮，弹出设备选择型号对话框，如图 5-23 所示。

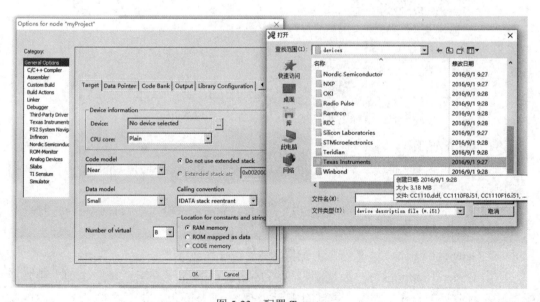

图 5-23　配置 Target

在打开的设备信息对话框中单击 Texas Instruments（德州仪器公司）文件夹，如上图的右侧所示。选中 CC2531F256.i51 文件，单击"打开"按钮，如图 5-24 所示。

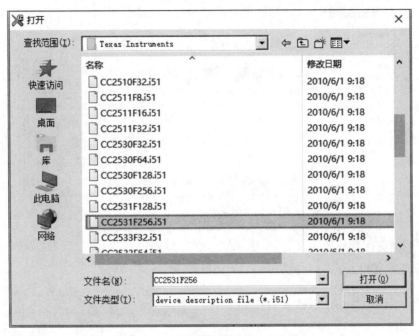

图 5-24　选中 CC2531F256.i51 芯片

配置完成之后如图 5-25 所示。

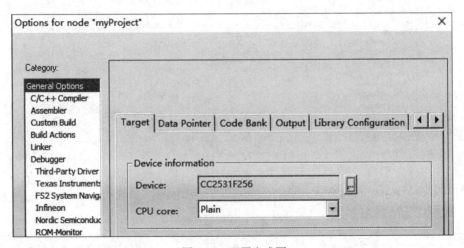

图 5-25　配置完成图

2）Linker 配置。

单击 Data Pointer 标签进行配置，在 Number of DPTRs 中选择 1，即只使用一个数据指针，如图 5-26 所示。

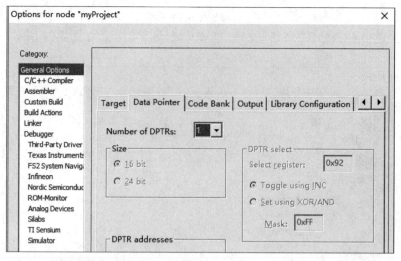

图 5-26　配置数据指针为一个

3）Debugger 配置。

配置 Stack/Heap（堆/栈）标签，配置参数如图 5-27 所示。

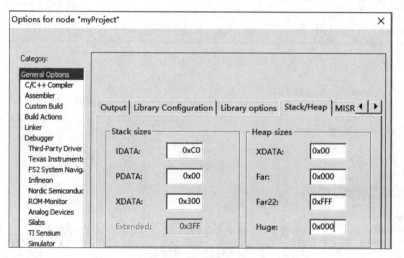

图 5-27　堆栈配置参数

具体的堆栈配置参数如表 5-2 所示。

表 5-2　堆栈配置参数

| Stack sizes | | Heap sizes | |
| --- | --- | --- | --- |
| IDATA | 0xC0 | XDATA | 0x00 |
| PDATA | 0x00 | Far | 0x000 |
| XDATA | 0x300 | Far22 | 0xFFF |
|  |  | Huge | 0x000 |

至此，Target 配置项目部分完成。

（2）Linker 连接器的配置。

Linker（连接器）部分的配置也有三个标签：Output、Extra Output、Config。

1）Output（输出）标签。单击 Output 标签，在 Allow C-SPY-specific extra output file 前面的框中打钩（单击一下该框即可打钩）。意思是允许 C 语言指定监控附加输出文件，如图 5-28 所示。

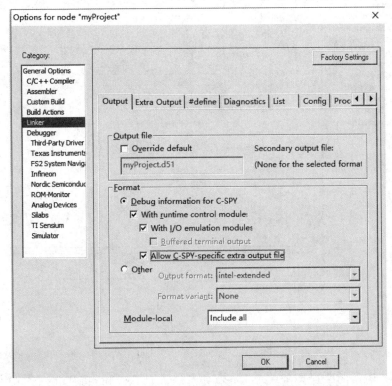

图 5-28　选中 Allow C-SPY-specific extra output file 复选框

2）Extra Output（附加输出）标签。单击 Extra Output 标签，在 Generate extra output file 前面的框中打钩。意思是产生附加的输出文件。选中该项目后，在编译成功之后会自动产生可以被 CC2531 处理器识别的 HEX 可执行文件。并且在下方的 Output file 内的 Override default 前面打钩，并将文件名的后缀 .sim 改成 .hex。配置过程如图 5-29 所示。

3）Config（配置）标签：单击 Config 标签，在 Linker command file（连接器命令文件）项目下面的 Override default（改写默认值）前面的框中打钩，并单击下面的按钮，重新定位 Linker command file 到目录：D:\Program Files (x86)\IAR Systems\Embedded Workbench 4.5\8051\config\ 下面的 lnk51ew_cc2531.xcl 文件。这个操作很容易被初学者混淆。操作的时候只有一个要点：单击按钮之后，再单击两次"向上"的按钮，就会定位到 Config 目录下面。Config 目录下面的 lnk51ew_cc2531.xcl 文件如图 5-30 所示。

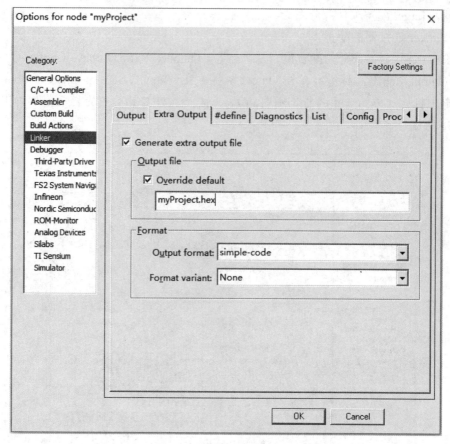

图 5-29　配置附加输出文件

> **注意：**
> 
> 作者的计算机将 IAR 集成开发环境安装到了 D 盘 Program Files (x86) 目录下。读者在操作的时候，单击 按钮之后，只需要再单击两次"向上"按钮就可以定位到该目录下。请读者注意，一定要是 config 目录下面的 lnk51ew_cc2531.xcl 文件。而不是 D:\Program Files (x86)\IAR Systems\Embedded Workbench 4.5\8051\config\devices\Texas Instruments\。

单击"打开"按钮完成 Config 部分的配置。

（3）Debugger（调试）配置。

在 Debugger 中仅有 Driver（驱动）一项需要配置，单击 Driver 下拉列表框，选中 Texas Instruments（德州仪器公司）。表示使用德州仪器公司提供的实际硬件作为驱动程序，如图 5-31 所示。

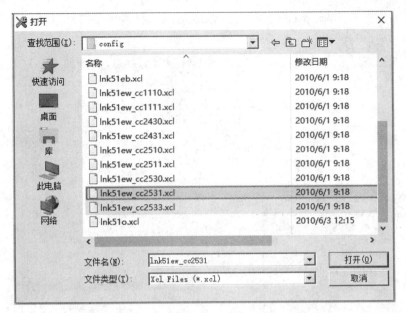

图 5-30　Config 目录下的 lnk51ew_cc2531.xcl 文件

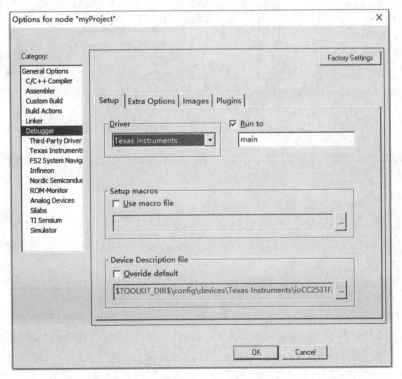

图 5-31　选中德州仪器公司的实际驱动

至此，整个工程的配置全部完成。

第四步：输入 5.3.1 节给出的源代码到 Chapter5.c 文档中。

输入完成后，单击 File → Save All 命令保存全部文件和工作空间，如图 5-32 所示。

注意本书保存的 Workspace 名称为 myWorkspace，读者可以自行命名。

第五步：编译与调试。

代码输入完成之后，单击"编译"按钮编译源代码，编译命令如图 5-33 所示。

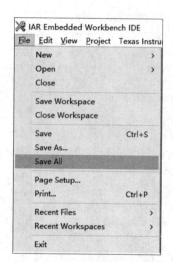

图 5-32　保存全部文件和工作空间

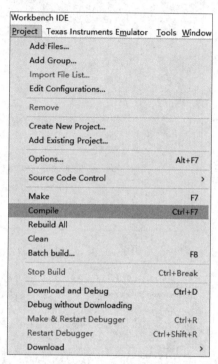

图 5-33　编译源代码

编译结果在下面的 Messages 栏（输出信息栏）中显示，本次编译的结果如图 5-34 所示。

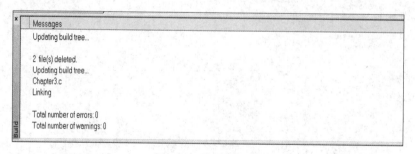

图 5-34　编译源代码

编译完成之后，单击向右的绿色箭头下载可执行代码到开发板，启动调试与试运行过程。该按钮的作用是 Download and Debug（下载与调试），如图 5-35 所示。

图 5-35　"下载与调试"按钮

下载过程中弹出下载过程进度条，如图 5-36 所示。

图 5-36　下载进度条

下载结束后，转到调试界面。IAR 集成开发环境的调试界面如图 5-37 所示。

图 5-37　调试界面

在调试界面中单击 按钮启动全速运行过程，如图 5-38 所示。

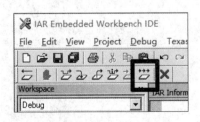

图 5-38　调试按钮

运行结果的演示：将 USB 转串口线连接到计算机，另外一端连接到开发板节点上。在计算机中打开串口软件 ISP，如图 5-39 所示。

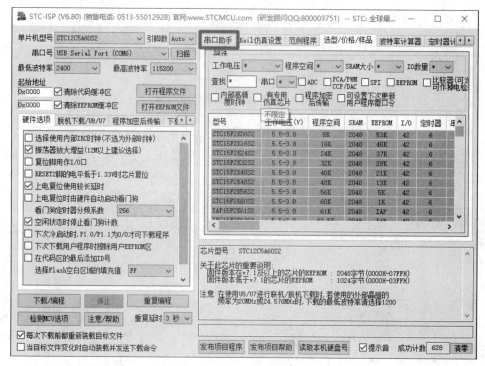

图 5-39　启动 ISP 软件

单击"串口助手"标签,显示如图 5-40 所示的界面。

图 5-40　需要配置的参数位置

这里首先需要知道使用哪个串口。由于我们使用的是串口转 USB 线，所以只需要单击"串口号"框后的"扫描"按钮就能够看到扫描到的串口号，本例中的串口号是 COM6。在右边的接收缓冲区选择"文本模式"，在发送缓冲区选择"文本模式"，串口配置为 COM6，波特率为 57600，校验位为无校验，停止位为 1 位。注意到代码中配置串口波特率的代码部分如下：

```
/* UART0 波特率设置 */
/* 波特率：57600
    当使用 32MHz 晶体振荡器作为系统时钟时，要获得 57600 波特率需要如下设置：
        UxBAUD.BAUD_M = 216
        UxGCR.BAUD_E = 10
        该设置误差为 0.03%
*/
U0BAUD = 216;
U0GCR = 10;
```

配置完成后需要单击"打开"按钮，这样才能打通节点硬件到计算机之间的连接，效果如图 5-41 所示。

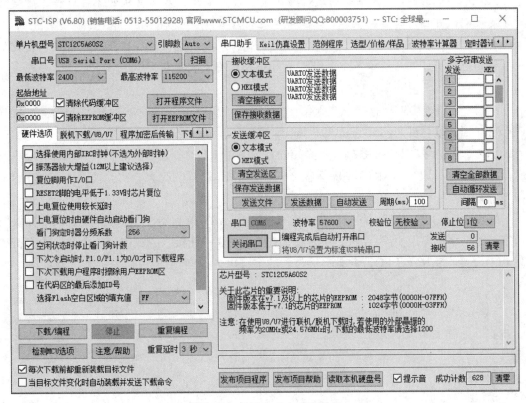

图 5-41 打开串口之后的效果

从图中可见，最终发现接收缓冲区中每隔一段时间显示一行字符：UART0 发送数据，至此实验过程完成。

## 5.4 本章小结

本章简要描述了采用 RS-232 标准的计算机通信系统整体设计到实现的全部过程，这个例子是完全可以用于实际应用当中的；介绍了采用 MAX232 芯片进行 RS-232 串行通信模块的硬件设计过程，采用 CH340 芯片设计 USB 转 RS-232 模块的硬件设计过程，这些模块在实际应用中使用非常广泛。在本章的后半部分，重点强调了串行通信的软件设计问题。

5.1 节中简要介绍了 RS-232 标准通信系统的基本原理与应用，并且重点描述了简单 RS-232 标准通信系统的设计思想与设计架构，尤其是采用了两种方式来设计硬件：第一种采用 MAX232 芯片进行硬件设计，并详细介绍了设计过程；第二种采用 CH340 芯片进行硬件设计，目标是满足当前主流使用的 USB 转 RS-232 标准的应用场合。

5.2 节中说明了 RS-232 标准串行通信系统的基本操作过程分析，尤其是给出了器件手册中的关键寄存器部分。在本节的最后简要总结了串行通信的编程基本流程。

5.3 节重点描述了软件系统的设计与实现。首先描述了基本算法的流程过程，后续给出了源代码，并创建工程、编译、下载观察运行效果。

在本章中，重点介绍了串行通信（RS-232 通信），该通信过程在嵌入式系统开发过程中有频繁地使用，在后续章节中会经常使用到本章的技术要点。

练习 1：请同学们自行仿照本章给出的过程实现本章的实验，并且将整个开发过程写成一份详细的过程性总结文档。

练习 2：使用 CC253x 系列片上系统的片内 USART 控制器，计算机向 CC2530 模块发送命令，单片机通过 UART0 中断接收方式，控制 LED 灯的亮灭。实验使用 CC2530 的串口 1，波特率为 57600。

练习 3：使用 CC253x 系列片上系统的片内 USART 控制器，计算机向 CC2530 模块发送字符串，字符串用"#"结束，单片机通过 UART0 中断接收方式收到一个合法的字符串亮 LED，接收完毕灭 LED，并且将接收到的字符串再送回到计算机。

# 第6章

# AD 转换

AD 转换是模拟数字转换的意思。在 CC253x 内部有一个 ADC 转换器。CC253x 内部的 ADC 支持 14 位的模拟数字转换，具有多达 12 位的 ENOB（有效数字位）。它包括一个模拟多路转换器，有 8 个可独立配置的通道，以及一个参考电压发生器。转换结果通过 DMA 写入存储器，还具有若干不同的运行模式。ADC 模块结构框图如图 6-1 所示。

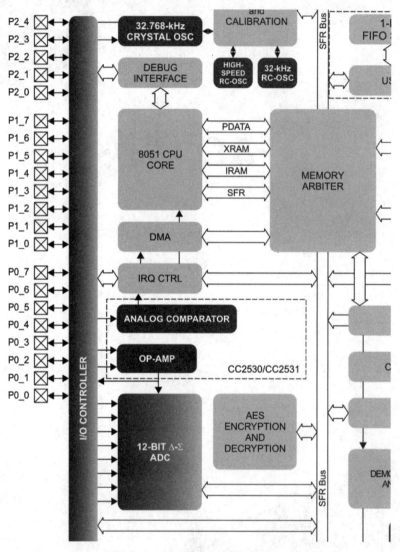

图 6-1 ADC 模块结构框图

由图可见，CC2531 处理器内部的 ADC 模块是一个 12 位的 Δ-Σ ADC 转换器。Δ-Σ ADC 转换器的硬件体系结构包含积分器、比较器和 1 位数模转换器（DAC），排列在一个负反馈循环中。Δ-Σ ADC 转换器技术将过采样、抽取滤波、量化噪声整形三项技术结合在一起使用。使用了更高的采样速率，这个采样速率是给定信号所需采样速率的许多倍。传统数据采集设备的模拟前端通常使用模拟低通滤波器，这些滤波器往往有严格的要求，比如具备砖墙特性，包括快速衰减、平稳通带等。由于这些严格的要求以及必须用模拟电路实现,因此滤波器设计相当困难,并且制造成本高昂。而使用 Δ-Σ ADC 通过对信号进行过采样,放宽了对模拟抗混叠滤波器的要求,从而降低了模拟抗混叠滤波器的设计难度。Δ-Σ ADC 主要由数字电路组成,从而可以用硅实现,极大地发挥了超大规模集成电路 VLSI 技术的优势。另外 Δ-Σ ADC 能够在采样过程当中极佳地抑制无用频率成分,在抗混叠中发挥重要作用,具有极高的性价比。Δ-Σ ADC 可以实现过采样、抽取滤波和量化噪声整形,实现了高分辨率和优秀的抗混叠滤波性能,允许其实现较高性能的测量,这种方式主要是 NI 公司提出的一种 ADC 技术,而 CC253x 系列处理器是由 NI 公司生产的,因此其独特的 Δ-Σ ADC 技术是应用当中很好的测量工具。

## 6.1　AD 转换部分介绍

在 CC2531 器件手册中,能够查阅到如下关于 ADC 的主要特性:
- 可选的抽取率,这也设置了分辨率(7～12 位)。
- 8 个独立的输入通道,可接收单端或差分信号。
- 参考电压可选为内部单端、外部单端、外部差分或 AVDD5。
- 产生中断请求。
- 转换结束时的 DMA 触发。
- 温度传感器输入。
- 电池测量功能。

图 6-2 给出了 CC2531 中 ADC 模块的内部结构图。

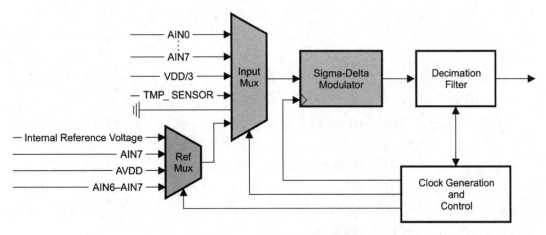

图 6-2　ADC 模块内部结构框图

由图可见,ADC 模块内部有五个关键部分:参考电压矩阵、输入矩阵、Δ-Σ 调节器、滤波器、时钟发生器与控制逻辑。在前面已经初步介绍了 NI 公司高精度 ADC 模块的主要部分 Δ-Σ 调节器,滤波器配合调节器起到了提高精度和稳定性等作用。时钟发生模块与控制逻辑的任务主要是产生合适的采样时钟,这在实际使用中反映为采样频率,并且由于时钟发生模块控制了采样的速度，控制逻辑可以依照采样频率来进行合理化控制，这种设计是非常合理的一种硬件逻辑设计方式。输入矩阵和参考电压矩阵在整个模块中是接触外部信息的前端模块，输入矩阵中有 8 个模拟通道输入 AIN0 ~ AIN7、1 个 VDD/3 的内部电压检测输入、1 个内部温度传感器输入。由图 6-2 中的模块名称与结构可见 Δ-Σ 调节器的输入只能接收一路输入，但是输入矩阵中有 10 路不同的输入，因此这里模数采样的做法可以推断为分时处理，这意味着内部 Δ-Σ ADC 部分的采样速度远远高于外部输入逻辑的切换速度。另外，参考电压模块共有三部分：内部参考电压、AIN7 独立参考电压、AVDD 参考电压，AIN0 ~ AIN7 每一路均可以设置一个参考电压，参考电压可以在这 11 路参考电压中选择。并且由于输入矩阵与输出矩阵中均有 AIN0 ~ AIN7，因此可以推断该 ADC 模块允许使用差分输入方式。在电源系统比较稳定的前提下是可以直接使用内部参考电压的，在后续的例子程序设计中我们可以尝试内部参考电压与温度传感器。

## 6.2　AD 转换部分基本操作过程

**1. ADC 输入**

端口 0 引脚的信号可以用作 ADC 输入。在下面的描述中，这些端口引脚指的是 AIN0 ~ AIN7 引脚。输入引脚 AIN0 ~ AIN7 是连接到 ADC 的，可以把输入配置为单端或差分输入。在选择差分输入的情况下，差分输入包括输入对 AIN0-1、AIN2-3、AIN4-5 和 AIN6-7。注意负电压不适用于这些引脚，大于 VDD（未调节电压）的电压也不行，它们之间的差别是在差分模式下转换，是在差分模式下转换的输入对之间的差。除了输入引脚 AIN0 ~ AIN7，片上温度传感器的输出也可以选择作为 ADC 的输入，用于温度测量。寄存器 TR0 作为测试寄存器 0，其中的 ADCTM 二进制位的含义是：该二进制位可读可写，设置为 1 来连接温度传感器到 SOC_ADC，其他值保留。也可用 ATEST 寄存器来测试温度传感器，在 ATEST 寄存器中的 ATESTCTRL 的 6 个二进制位的含义是：该二进制位用于控制模拟测试模式，可读可写，写入数据 00 0001：使能温度传感器。

还可以输入一个对应 AVDD5/3 的电压作为一个 ADC 输入。这个输入允许诸如需要在应用中实现一个电池监测器的功能。注意在这种情况下参考电压不能取决于电源电压，比如 AVDD5 电压不能用作一个参考电压。单端电压输入 AIN0 ~ AIN7 以通道号码 0 ~ 7 表示，通道号码 8 ~ 11 表示差分输入，由 AIN0、AIN1、AIN2-AIN3、AIN4-AIN5 和 AIN6-AIN7 组成。通道号码 12 ~ 15 表示 GND（12）、温度传感器（14）和 AVDD5/3（15）。这些值在 ADCCON2.SCH 和 ADCCON3.SCH 域中使用。

**2. ADC 转换序列**

ADC 将执行一系列的转换，并把结果移动到存储器（通过 DMA），不需要任何 CPU 干预。转换序列有可能受到 APCFG 寄存器的影响，八位模拟输入来自 I/O 引脚，不必经过编程变为模拟输入。一个通道正常情况下应是序列的一部分，但是相应的模拟输入在

APCFG 中禁用，那么通道将被跳过。当使用差分输入时，处于差分对的两个引脚都必须在 APCFG 寄存器中设置为模拟输入引脚。

ADCCON2.SCH 寄存器位用于定义一个 ADC 转换序列，它来自 ADC 输入。如果 ADCCON2.SCH 设置为一个小于 8 的值，转换序列包括一个转换，来自每个通道从 0 往上，包括 ADCCON2.SCH 编程的通道号码。当 ADCCON2.SCH 设置为一个在 8 和 12 之间的值时，序列包括差分输入，从通道 8 开始，在已编程的通道结束。对于 ADCCON2.SCH 大于或等于 12，序列仅包括所选的通道。

3. 单个 ADC 转换

ADC 可以编程为从任何通道执行一个转换，这样一个转换通过写 ADCCON3 寄存器触发。除非一个转换序列已经正在进行，转换立即开始，在这种情况下序列一完成单个转换就被执行。

4. ADC 运行模式

ADC 有三种控制寄存器：ADCCON1、ADCCON2 和 ADCCON3，这些寄存器用于配置 ADC 并报告结果。ADCCON1.EOC 位是一个状态位，当一个转换结束时，设置为高电平；当读取 ADCH 时，它就被清除。ADCCON1.ST 位用于启动一个转换序列。当这个位设置为高电平时，ADCCON1.STSEL 是 11，且当前没有转换正在运行时就启动一个序列。当这个序列转换完成时，这个位就被自动清除，ADCCON1.STSEL 位选择哪个事件将启动一个新的转换序列。该选项可以选择为外部引脚 P2.0 上升沿或外部引脚事件之前序列的结束事件，定时器 1 的通道 0 比较事件或 ADCCON1.ST 是 1。ADCCON2 寄存器控制转换序列是如何执行的，ADCCON2.SREF 用于选择参考电压，参考电压只能在没有转换运行的时候修改。ADCCON2.SDIV 位选择抽取率（并因此也设置了分辨率和完成一个转换所需的时间或样本率），抽取率只能在没有转换运行的时候修改。转换序列的最后一个通道由 ADCCON2.SCH 位选择，如上所述。ADCCON3 寄存器控制单个转换的通道号码、参考电压和抽取率。单个转换在寄存器 ADCCON3 写入后将立即发生，或如果一个转换序列正在进行，该序列结束之后立即发生。该寄存器位的编码和 ADCCON2 是完全一样的。

5. ADC 转换结果

数字转换结果以 2 的补码形式表示。对于单端配置，结果总是为正。这是因为结果是输入信号和地面之间的差值，它总是一个正符号数（$V_{conv}=V_{inp}-V_{inn}$，其中 $V_{inn}=0V$）。当输入幅度等于所选的电压参考 $V_{REF}$ 时，达到最大值。对于差分配置，两个引脚对之间的差分被转换，这个差分可以是负符号数。对于抽取率是 512 的一个数字转换结果的 12 位 MSB，当模拟输入 $V_{conv}$ 等于 $V_{REF}$ 时，数字转换结果是 2047。当模拟输入等于 $-V_{REF}$ 时，数字转换结果是 -2048。当 ADCCON1.EOC 设置为 1 时，数字转换结果是可以获得的，且结果放在 ADCH 和 ADCL 中。注意转换结果总是驻留在 ADCH 和 ADCL 寄存器组合的 MSB 段中。当读取 ADCCON2.SCH 位时，它们将指示转换在哪个通道上进行。ADCL 和 ADCH 中的结果一般适用于之前的转换。如果转换序列已经结束，ADCCON2.SCH 的值大于最后一个通道号码，但是如果最后写入 ADCCON2.SCH 的通道号码是 12 或更大，将读回同一个值。

### 6．ADC 参考电压

模拟数字转换的正参考电压可选择为一个内部生成的电压，AVDD5 引脚适用于 AIN7 输入引脚的外部电压，或适用于 AIN6-AIN7 输入引脚的差分电压。转换结果的准确性取决于参考电压的稳定性和噪音属性。希望电压有偏差会导致 ADC 增益误差，与希望电压和实际电压的比例成正比。参考电压的噪音必须低于 ADC 的量化噪音，以确保达到规定的 SNR。

### 7．ADC 转换时间

ADC 只能运行在 32 MHz XOSC 上，用户不能整除系统时钟。实际 ADC 采样的 4 MHz 的频率由固定的内部划分器产生。执行一个转换所需的时间取决于所选的抽取率。总的来说，转换时间由以下公式给定：

$$T_{conv} = (抽取率 + 16) \times 0.25\mu s$$

### 8．ADC 中断

当通过写 ADCCON3 触发的一个单个转换完成时，ADC 将产生一个中断。当完成一个序列转换时，不产生一个中断。

### 9．ADC DMA 触发

每完成一个序列转换，ADC 将产生一个 DMA 触发。当完成一个单个转换时，不产生 DMA 触发。对于 ADCCON2.SCH 中头 8 位可能的设置所定义的八个通道，每一个都有一个 DMA 触发。当通道中一个新的样本准备转换时，DMA 触发是活动的。DMA 触发 ADC_CHsd，其中 s 是单端通道，d 是差分通道。另外，还有一个 DMA 触发 ADC_CHALL，当 ADC 转换序列的任何通道中有新的数据准备好时，它是活动的。

### 10．ADC 寄存器

ADC 所使用到的主要寄存器如下：

- ADCL（0xBA）：ADC 数据低位。
- ADCH（0xBB）：ADC 数据高位。
- ADCCON1（0xB4）：ADC 控制 1。
- ADCCON2（0xB5）：ADC 控制 2。
- TR0（0x624B）：测试寄存器 0。

## 6.3　AD 转换操作示范

上一节中简要介绍了 ADC 的基本操作要点以及需要了解的有关技术，本节将进行软件设计流程的介绍。一般情况下，ADC 的操作步骤主要有如下几个部分：

- 设置参考电压。
- 设置分辨率。
- 选择 ADC 启动方式。
- 启动 ADC 转换过程。
- 等待 ADC 转换结束。
- 保存转换结果。

应用目标：使用 CC253x 系列片上系统的片内温度传感器作为 AD 源，采用单端转换模式，将相应的 ADC 转换后的片内温度值显示在 PC 的串口助手上。

### 6.3.1 算法设计与代码翻译

本节的开始已经总结了 ADC 操作的主要步骤，分析了应用目标的要求：

（1）使用片内温度传感器作为 AD 源、采用单端转换模式。

（2）片内温度值显示在 PC 上。

因此，上述两个应用目标为主要任务。参考第 5 章串行通信的算法设计部分，如算法 6-1 所示。

**算法 6-1　第 5 章中的串口初始化算法**

第一步：设置 PERCFG 寄存器，建立起与 P0 口的联系，即 UART0 相关引脚初始化，
　　　　P0.2——RX，P0.3——TX
第二步：选中 P0 为串口，P0.2、P0.3 作为片内外设 I/O
第三步：P0 口外设优先级采用上电复位默认值，即 P2DIR 寄存器采用默认值
第四步：设置 UART0 波特率为 57600，查表知：UxBAUD.BAUD_M = 216，UxGCR.BAUD_E = 10
第五步：选中 UART 模式，配置 UART0
第六步：USART 清除
第七步：清除 UART0 中断标志
第八步：打开全局中断

使用该算法已经能够实现基本的串行通信，只需要将传送一个字节与一串字节的代码部分添加进去即可实现字符串的传递工作。下面就来给出 ADC 部分的初始化算法。

**算法 6-2　ADC 转换部分算法**

第一步：设置内部参考电压
第二步：设置 12 位分辨率
第三步：设置片内温度传感器采样
第四步：设置 ADC 的启动模式为手动
第五步：启动 AD 转化
第六步：等待 ADC 转化结束
第七步：保存取得的最终转化结果
第八步：根据公式计算出温度值

源代码清单如下：

/************************************************************
 * 文件名称：AD1.c
 * 功　能：CC253x 系列片上系统基础实验——AD（片内温度）

```
  *  描    述：本实验使用 CC253x 系列片上系统的片内温度传感器作为 AD 源，采用单端转换模式，
             将相应的 ADC 转换后的片内温度值显示在 PC 的串口助手上。
*******************************************************************/
/* 包含头文件 */
/*******************************************************************/
#include "ioCC2530.h"     // CC2530 的头文件，包含对 CC2530 的寄存器、中断向量等的定义
#include "stdio.h"        // C 语言标准输入/输出库的头文件
//#include "temp.h"


/*******************************************************************/
// 定义 LED 灯端口
#define LED1 P1_0         // P1_0 定义为 P1.0
#define uint unsigned int
#define uchar unsigned char


/****** 定义枚举类型 ***********************************************/
enum SYSCLK_SRC{XOSC_32MHz,RC_16MHz}; // 定义系统时钟源（主时钟源）枚举类型
/*******************************************************************
 * 函数名称：delay
 * 功    能：软件延时
 * 入口参数：无
 * 出口参数：无
 * 返 回 值：无
 *******************************************************************/
void delay(unsigned int time)
{ unsigned int i;
  unsigned char j;
  for(i = 0; i < time; i++)
  { for(j = 0; j < 240; j++)
    { asm("NOP");  // asm 是内嵌汇编，nop 是空操作，执行一个指令周期
      asm("NOP");
      asm("NOP");
    }
  }
}
/*******************************************************************
 * 函数名称：SystemClockSourceSelect
 * 功    能：选择系统时钟源（主时钟源）
 * 入口参数：source
 *           XOSC_32MHz：32MHz 晶体振荡器
 *           RC_16MHz：16MHz RC 振荡器
 * 出口参数：无
 * 返 回 值：无
 *******************************************************************/
void SystemClockSourceSelect(enum SYSCLK_SRC source)
{
```

```
  unsigned char clkconcmd,clkconsta;
  if(source == RC_16MHz)
  {
   CLKCONCMD &= 0x80;
   CLKCONCMD |= 0x49;    //01001001
  }
  else if(source == XOSC_32MHz)
  {
   CLKCONCMD &= 0x80;
  }

  /* 等待所选择的系统时钟源（主时钟源）稳定 */
  clkconcmd = CLKCONCMD;              // 读取时钟控制寄存器 CLKCONCMD
  do
  {
   clkconsta = CLKCONSTA;             // 读取时钟状态寄存器 CLKCONSTA
  } while(clkconsta != clkconcmd);    // 直到选择的系统时钟源（主时钟源）已经稳定
}

/****************************************************************
* 函数名称：InitUART0
* 功    能：UART0 初始化
*         P0.2  RX
*         P0.3  TX
*         波特率：57600
*         数据位：8
*         停止位：1
*         奇偶校验：无
* 入口参数：无
* 出口参数：无
* 返 回 值：无
****************************************************************/
void initUART0(void)
{
  /* 片内外设引脚位置采用上电复位默认值，即 PERCFG 寄存器采用默认值 */
  PERCFG = 0x00;     // 位置 1 P0 口
  /* UART0 相关引脚初始化
     P0.2——RX,    P0.3——TX,    P0.4——CT,    P0.5——RT */
  P0SEL = 0x3c;      //P0 用作串口，P0.2、P0.3、P0.4、P0.5 作为片内外设 I/O

  /* P0 口外设优先级采用上电复位默认值，即 P2DIR 寄存器采用默认值 */
  /* 第一优先级：USART0
     第二优先级：USART1
     第三优先级：Timer1 */

  /* UART0 波特率设置 */
```

```
    /* 波特率：57600
       当使用 16MHz 晶体振荡器作为系统时钟时，要获得 57600 波特率需要如下设置：
           UxBAUD.BAUD_M = 216
           UxGCR.BAUD_E = 11
           该设置误差为 0.03%
    */
    U0BAUD = 216;
    U0GCR = 11;

    /* USART 模式选择 */
    U0CSR |= 0x80;          // UART 模式

    /* UART0 配置，以下配置参数采用上电复位默认值：
           硬件流控：无
           奇偶校验位（第 9 位）：奇校验
           第 9 位数据使能：否
           奇偶校验使能：否
           停止位：1 个
           停止位电平：高电平
           起始位电平：低电平
    */
    U0UCR |= 0x80; // 进行 USART 清除

    /* 用于发送的位顺序采用上电复位默认值，即 U0GCR 寄存器采用上电复位默认值 */
    /* LSB 先发送 */

    UTX0IF = 0; // 清零 UART0 TX 中断标志
    EA = 1;     // 使能全局中断
}

/***************************************************************
* 函数名称：UART0SendByte
* 功    能：UART0 发送一个字节
* 入口参数：c
* 出口参数：无
* 返 回 值：无
***************************************************************/
void UART0SendByte(unsigned char c)
{
    U0DBUF = c;             // 将要发送的 1 字节数据写入 U0DBUF（串口 0 收发缓冲器）
    while (!UTX0IF);        // 等待 TX 中断标志，即 U0DBUF 就绪
    UTX0IF = 0;             // 清零 TX 中断标志
}

/***************************************************************
* 函数名称：UART0SendString
```

* 功　能：UART0 发送一个字符串
 * 入口参数：*str
 * 出口参数：无
 * 返 回 值：无
 **************************************************************/
void UART0SendString(unsigned char *str)
{
　while(1)
　{
　　if(*str == '\0') break;　　　　// 遇到结束符，退出
　　UART0SendByte(*str++);　　　　// 发送一字节
　}
}


/*************************************************************
 * 函数名称：getTemperature
 * 功　能：进行 AD 转换，将得到的结果求均值后将 AD 结果转换为温度返回
 * 入口参数：无
 * 出口参数：无
 * 返 回 值：无
 **************************************************************/
float getTemperature(void)
{
　signed short int value;
　ADCCON3 = (0x3E);　　　　// 选择内部参考电压，12 位分辨率，对片内温度传感器采样
　ADCCON1 |= 0x30;　　　　// 选择 ADC 的启动模式为手动
　ADCCON1 |= 0x40;　　　　// 启动 AD 转化
　while(!(ADCCON1 & 0x80));　　// 等待 ADC 转化结束
　value = ADCL >> 2;
　value |= ((int)ADCH << 6);　　//8 位转为 16 位，后补 6 个 0，取得最终转化结果，存入 value 中
　　/* 若 adcvalue<0，就认为它为 0 */
　if(value < 0) value = 0;
　return value*0.06229-311.43;　　// 根据公式计算出温度值
}


/*************************************************************
 * 函数名称：main
 * 功　能：main 函数入口
 * 入口参数：无
 * 出口参数：无
 * 返 回 值：无
 **************************************************************/
void main(void)
{
　P1DIR |= 0x01;　　/* 配置 P1.0 的方向为输出 */
　SystemClockSourceSelect(RC_16MHz);

```
    initUART0();      // UART0 初始化

    /********** 以下代码采集片内温度值并处理 **********/
    char i;
    float avgTemp;
    unsigned char output[]="";
    UART0SendString(" 测试 CC2530 片内温度传感器 !\r\n");
    while(1)
    {
      LED1 =1;  //LED 亮，开始采集并发往串口
      avgTemp = getTemperature();
      for(i = 0 ; i < 64 ; i++)   // 连续采样 64 次
       {
         avgTemp += getTemperature();
         avgTemp = avgTemp/2;  // 每采样 1 次，取 1 次平均值
       }
      output[0] = (unsigned char)(avgTemp)/10 + 48;       // 十位
      output[1] = (unsigned char)(avgTemp)%10 + 48;       // 个位
      output[2] = '.';   // 小数点
      output[3] = (unsigned char)(avgTemp*10)%10+48;      // 十分位
      output[4] = (unsigned char)(avgTemp*100)%10+48;     // 百分位
      output[5] = '\0';  // 字符串结束符

      UART0SendString(output);
      UART0SendString("℃ \n");
      LED1 = 0;      //LED 熄灭，表示转换结束
      delay(40000);
      delay(40000);
    }
}
```

### 6.3.2　创建工程、编译与调试

在计算机中创建一个文件夹，例如这里在 E 盘创建了 6.3.2 这个文件夹，用于保存工程的全部文档。读者可以自行创建自己合适名称的文件夹，建议不要用中文命名。

第一步：依照 1.4 节的介绍启动 IAR 集成开发环境，创建一个新工程，如图 6-3 所示。

在弹出的对话框中单击 OK 按钮，如图 6-4 所示。

保存文档到刚创建的文件夹下，如图 6-5 所示。

第二步：创建 C 文档。

单击 File → New → File 命令，创建一个空白文档，如图 6-6 所示。

按 Ctrl+S 组合键保存该文档，命名为 Chapter6.c，注意后缀名为 .c，读者可以自行命名，如图 6-7 所示。

第 6 章　AD 转换

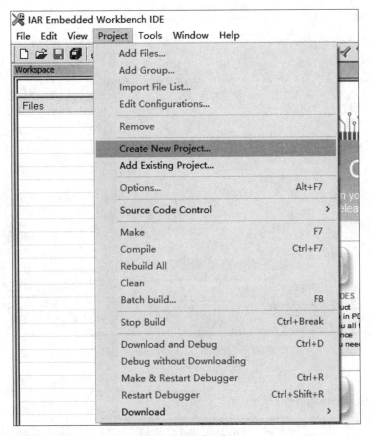

图 6-3　创建工程

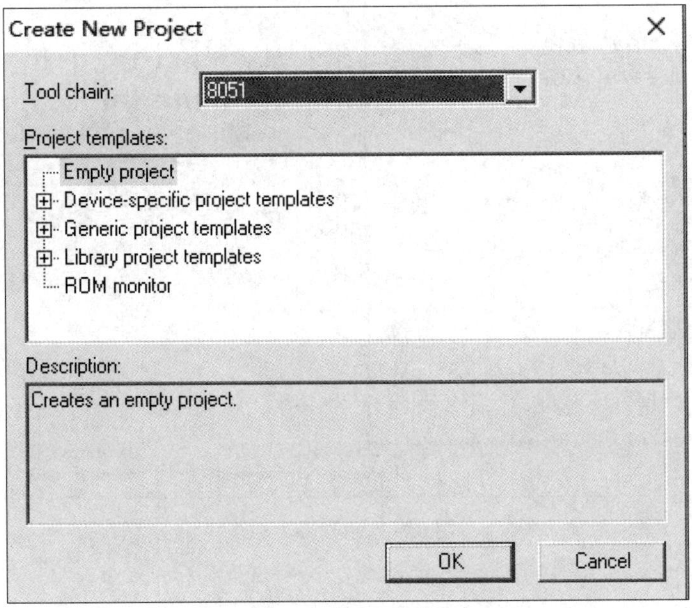

图 6-4　Create New Project 对话框

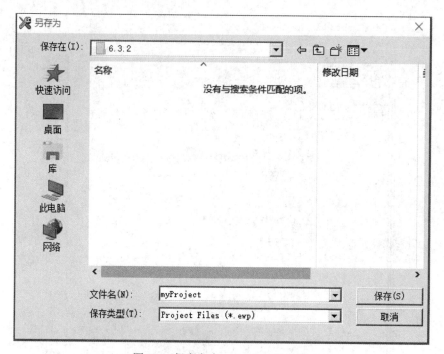

图 6-5　保存名为 myProject 的工程

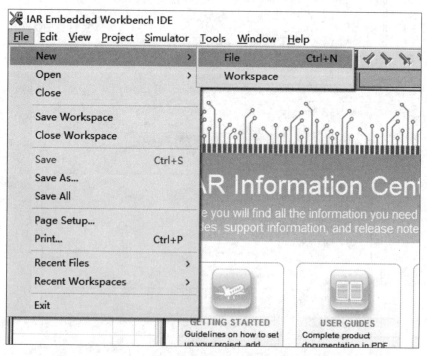

图 6-6　创建空白文档

第 6 章 AD 转换

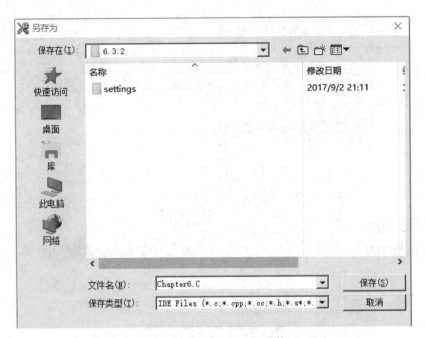

图 6-7 保存 Chapter6.c 文档

在左侧 Workspace 框中工程名 myProject 的蓝色行上右击并选择 Add → Add "Chapter6.c" 选项，添加刚刚创建的 Chapter6.c 文件到 myProject 工程中，如图 6-8 所示。

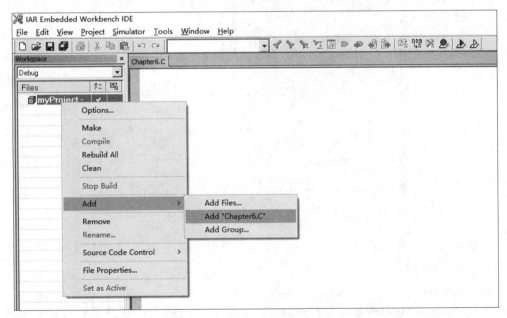

图 6-8 添加 Chapter6.c

添加 Chapter6.c 文档到工程后会在工程目录下自动产生一个 Output 文件夹，如图 6-9 所示。

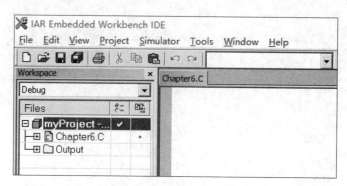

图 6-9　添加 Chapter6.c 后工程自动添加一个 Output 文件夹

第三步：配置工程。

在左侧 Workspace 框中工程名 myProject 的蓝色行上右击并选择 Options 命令，如图 6-10 所示。

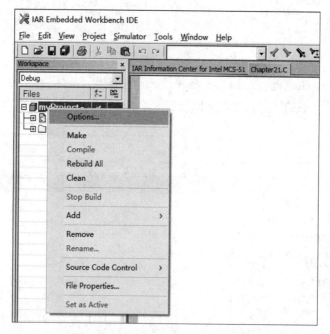

图 6-10　单击 Options 命令开始配置

工程配置的主要内容为三个项目：General Options（一般选项）、Linker（连接器）、Debugger（调试器）。

（1）General Options（一般选项）配置。

单击 General Options（一般选项），在 General Options（一般选项）选项卡中需要配置三个标签：Target（目标，指针对哪种处理器）、Data Pointer（数据指针）、Stack/Heap（堆/栈）。

1）Target 配置。

单击 Device information（设备信息）中 Device：行右侧的 按钮，弹出设备选择型号对话框，如图 6-11 所示。

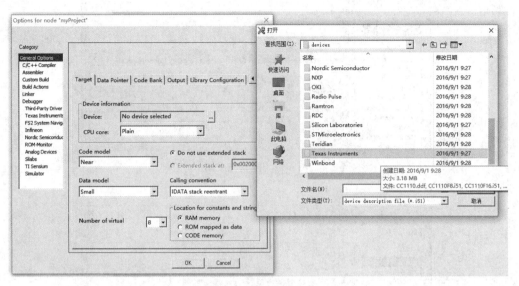

图 6-11　配置 Target

在打开的设备信息对话框中单击 Texas Instruments（德州仪器公司）文件夹，如上图的右侧所示。选中 CC2531F256.i51 文件，单击"打开"按钮，如图 6-12 所示。

图 6-12　选中 CC2531F256.i51 芯片

配置完成之后如图 6-13 所示。

2）Linker 配置。

单击 Data Pointer 标签进行配置，在 Number of DPTRs 中选择 1，即只使用一个数据指针，如图 6-14 所示。

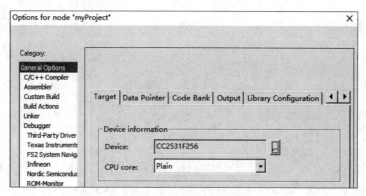

图 6-13 配置完成图

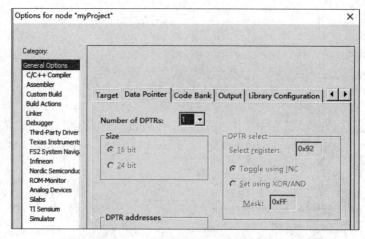

图 6-14 配置数据指针为一个

3）Debugger 配置。

配置 Stack/Heap（堆/栈）标签，配置参数如图 6-15 所示。

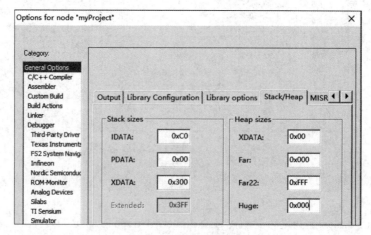

图 6-15 堆栈配置参数

具体的堆栈配置参数如表 6-1 所示。

表 6-1 堆栈配置参数

| Stack sizes | | Heap sizes | |
|---|---|---|---|
| IDATA | 0xC0 | XDATA | 0x00 |
| PDATA | 0x00 | Far | 0x000 |
| XDATA | 0x300 | Far22 | 0xFFF |
| | | Huge | 0x000 |

至此，Target 配置项目部分完成。

（2）Linker 连接器的配置。

Linker（连接器）部分的配置也有三个标签：Output、Extra Output、Config。

1）Output（输出）标签。单击 Output 标签，在 Allow C-SPY-specific extra output file 前面的框中打钩（单击一下该框即可打钩）。意思是，允许 C 语言指定监控附加输出文件，如图 6-16 所示。

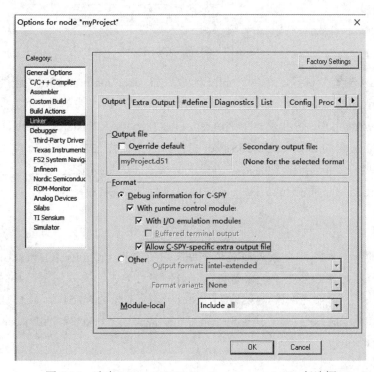

图 6-16 选中 Allow C-SPY-specific extra output file 复选框

2）Extra Output（附加输出）标签。单击 Extra Output 标签，在 Generate extra output file 前面的框中打钩。意思是产生附加的输出文件。选中该项目后，在编译成功之后会自动产生可以被 CC2531 处理器识别的 HEX 可执行文件。并且在下方的 Output file 内的 Override default 前面打钩，并将文件名的后缀 .sim 改成 .hex。配置过程如图 6-17 所示。

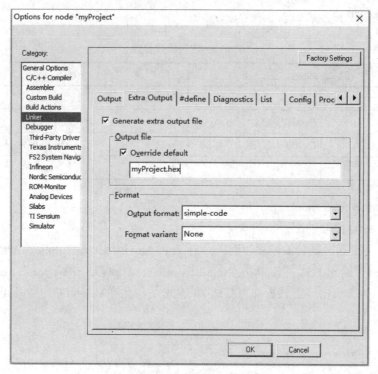

图 6-17　配置附加输出文件

3）Config（配置）标签。单击 Config 标签，在 Linker command file（连接器命令文件）项目下面的 Override default（改写默认值）前面的框中打钩，并单击下面的按钮，重新定位 Linker command file 到目录：D:\Program Files (x86)\IAR Systems\Embedded Workbench 4.5\8051\config\ 下面的 lnk51ew_cc2531.xcl 文件。这个操作很容易被初学者混淆。操作的时候只有一个要点：单击按钮之后，再单击两次"向上"的按钮，就会定位到 Config 目录下面。Config 目录下面的 lnk51ew_cc2531.xcl 文件如图 6-18 所示。

> **注意：**
> 作者的计算机将 IAR 集成开发环境安装到了 D 盘 Program Files (x86) 目录下。读者在操作的时候，单击了按钮之后，只需要再单击两次"向上"按钮就可以定位到该目录下。请读者注意，一定要是 config 目录下面的 lnk51ew_cc2531.xcl 文件。而不是 D:\Program Files (x86)\IAR Systems\Embedded Workbench 4.5\8051\config\devices\Texas Instruments\。

单击"打开"按钮完成 Config 部分的配置。

（3）Debugger（调试）配置。

在 Debugger 中仅有 Driver（驱动）一项需要配置，单击 Driver 下拉列表框，选中 Texas Instruments（德州仪器公司）。表示使用德州仪器公司提供的实际硬件作为驱动程序，如图 6-19 所示。

第 6 章　AD 转换

图 6-18　Config 目录下的 lnk51ew_cc2531.xcl 文件

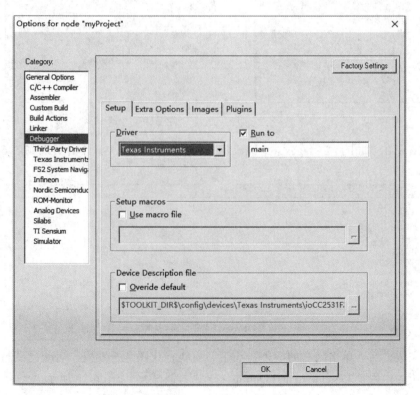

图 6-19　选中德州仪器公司的实际驱动

至此，整个工程的配置全部完成。

第四步：输入 6.3.1 节给出的源代码到 Chapter6.c 文档中。

输入完成后，单击 File → Save All 命令保存全部文件和工作空间，如图 6-20 所示。

注意本书保存的 Workspace 名称为 myWorkspace，读者可以自行命名。

第五步：编译与调试。

代码输入完成之后，单击"编译"按钮编译源代码，编译命令如图 6-21 所示。

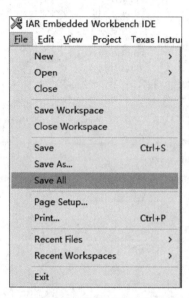

图 6-20　保存全部文件

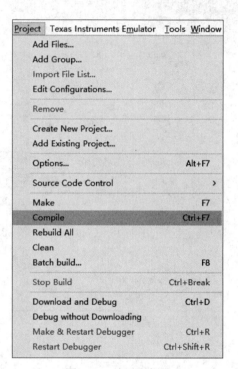

图 6-21　编译源代码

编译结果在下面的 Messages 栏（输出信息栏）中显示，本次编译的结果如图 6-22 所示。

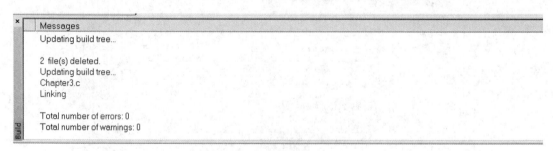

图 6-22　编译源代码

编译完成之后，单击向右的绿色箭头下载可执行代码到开发板，启动调试与试运行过程。该按钮的作用是 Download and Debug（下载与调试），如图 6-23 所示。

下载过程中弹出下载过程进度条，如图 6-24 所示。

下载结束后，转到调试界面。IAR 集成开发环境的调试界面如图 6-25 所示。

第 6 章 AD 转换

图 6-23 "下载与调试"按钮

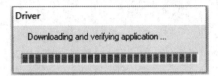

图 6-24 下载进度条

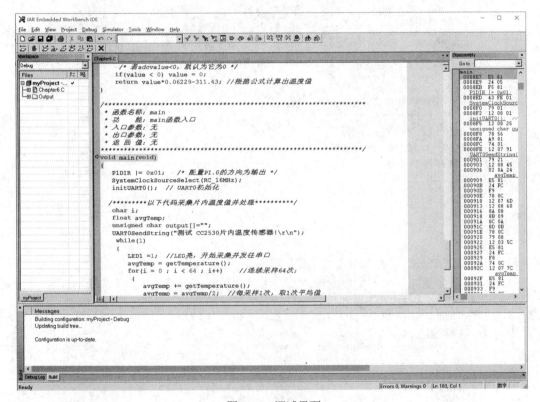

图 6-25 调试界面

在调试界面中单击 按钮启动全速运行过程，如图 6-26 所示。

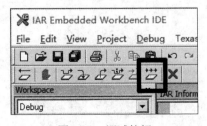

图 6-26 调试按钮

147

运行结果的演示：将 USB 转串口线连接到计算机，另外一端连接到开发板节点上。在计算机中打开串口软件 ISP，如图 6-27 所示。

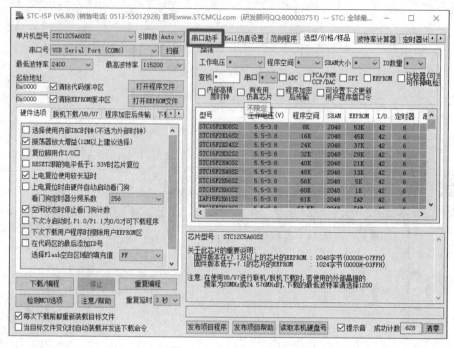

图 6-27　启动 ISP 软件

单击"串口助手"标签，显示如图 6-28 所示的界面。

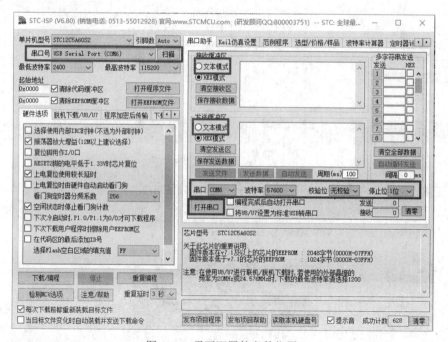

图 6-28　需要配置的参数位置

这里首先需要知道使用哪个串口。由于我们使用的是串口转 USB 线，所以只需要单击"串口号"框后的"扫描"按钮就能够看到扫描到的串口号，本例中的串口号是COM6。在右边的接收缓冲区选择"文本模式"，在发送缓冲区选择"文本模式"，串口配置为 COM6，波特率为 57600，校验位为无校验，停止位为 1 位。注意到代码中配置串口波特率的代码部分如下：

```
/* UART0 波特率设置 */
/* 波特率：57600
   当使用 32MHz 晶体振荡器作为系统时钟时，要获得 57600 波特率需要如下设置：
   UxBAUD.BAUD_M = 216
   UxGCR.BAUD_E = 10
   该设置误差为 0.03%
*/
U0BAUD = 216;
U0GCR = 10;
```

配置完成后需要单击"打开"按钮，这样才能打通节点硬件到计算机之间的连接，如图 6-29 所示。

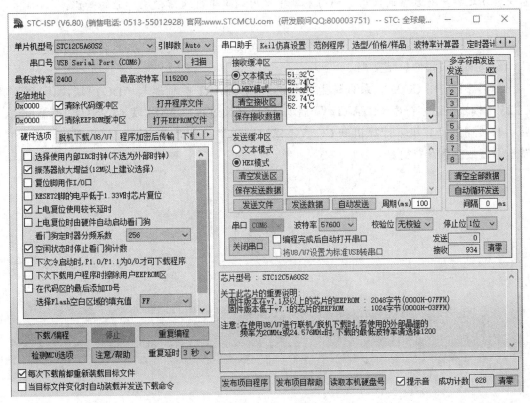

图 6-29　打开串口之后的效果

从图中可见，最终发现接收缓冲区中每隔一段时间显示一行温度字符，至此实验过程完成。

## 6.4　本章小结

本章简要介绍了 CC2531 内部的 ADC 模块。该模块不仅能有 8 个通道的外部模拟输入，可以连接外部模拟量的输入；还有内部温度传感器、内部电压测量可以使用。该模块是基于 Δ-Σ 技术设计的 ADC 模块，属于 NI 公司的高级应用技术，在 CC2531 处理器中作为 12 位 ADC 部件，在实际项目实施中有较好的应用。

6.1 节简要介绍了 CC2531 处理器内部的 ADC 模块的基本原理与应用，尤其是给出了基于 Δ-Σ 技术 ADC 模块的内部结构并进行了简要描述。

6.2 节说明了 ADC 的基本操作过程，并给出了器件手册中的关键寄存器部分。

6.3 节重点描述了软件系统的设计与实现。首先描述了基本算法的流程过程，后续给出了源代码，并创建工程、编译、下载观察运行效果。

在本章中，重点介绍了 CC2531 处理器中的 ADC 模块的操作过程，该模块在嵌入式系统开发过程中有频繁的使用，同时本章中使用到了串行通信模块部分的知识。

练习1：请同学们自行仿照本章给出的过程实现本章的实验，并且将整个开发过程写成一份详细的过程性总结文档。

练习2：使用 CC253x 系列片上系统的片内 USART 控制器与 ADC 模块，计算机向 CC2531 模块发送字符串"START#"，启动 ADC 转换过程，开始采集 CC2531 内部温度值，并实时传递到计算机；计算机向 CC2531 模块发送字符串"STOP#"，停止采集，并停止发送温度数据到计算机。

# 第7章

# 星型网络

本章内容基于 TI 公司提供的 Z-STACK 协议栈源代码进行操作，在新大陆教育科技有限公司提供的实验设备上，该协议栈源代码部分基本没有很大改动，因此大致上使用协议栈的 Demo 可以直接使用在新大陆教育科技有限公司提供的硬件节点板上。如果读者需要深入使用这一部分，则需要新大陆教育科技有限公司对其开发的节点板提供原理图，这里由于该文件需要与新大陆公司进行沟通，因此无法提供对应的文档。但是读者可以直接向 TI 公司订购评估板来解决这个问题，当然也可以在淘宝上找到对应的套件来解决这个问题。本章与下一章给出的一些学习思路读者可以在初期进行借鉴。如果读者需要非常深入掌握实现 ZigBee 协议的 Z-STACK 协议栈源代码部分，则需要通读 Z-STACK 协议栈源代码包中的全部技术文档，并多次实验才能完成。

## 7.1 点对点通信

### 7.1.1 基本原理

在 ZigBee 协议（ZigBee 协议符合 IEEE802.15.4 标准）中有三种类型的节点：协调器节点、路由器节点、终端节点。在 ZigBee 网络中进行通信的节点必须是这三种类型的节点之一。在点对点通信中仅仅使用协调器节点与终端节点就可以完成任务，而路由器节点则是在后续组网中使用的。

点对点通信就是两个设备之间直接进行无线通信，该场景有点类似两个互相有 QQ 号码的人使用 QQ 进行聊天。所使用到的无线传感器节点的类型有两个：协调器节点、终端节点。点对点通信无须使用路由器节点，其典型的通信框架如图 7-1 所示。

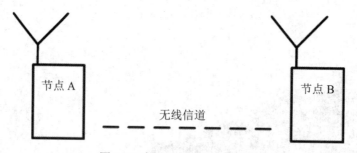

图 7-1  点对点无线通信概念图

在这里硬件上不作特别的注意，我们只考虑 ZigBee 通信部分。假定读者使用的是 CC253x 系列处理器支持的 ZigBee 硬件，则可以直接使用。如果需要扩展，则一般而言是将 CC253x 处理器打包的通信硬件部分作为整个模块贴到扩展板上，因此当 TI 公司发布支持 ZigBee 协议的 Z-STACK 协议栈源代码的时候，就充分考虑到了硬件不兼容的问题。解决该问题只需要将 CC253x 整个模块部分贴到需要的硬件上即可。另外，TI 公司有成套的 DEMO 板出售，可以完全让开发者将 Z-STACK 协议栈源代码随意"搬"上去。由此，重点关注的是软件部分如何实现基本的点对点通信功能。

这里需要指出的是：如果使用的是 TI 提供的原生源代码，则需要修改的文件有 Coordinator.h 文件、Coordinator.c 文件、Enddevice.c 文件，这三个文件的包含关系如图 7-2 所示。

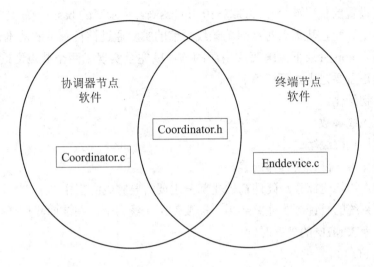

图 7-2　节点软件包含关系图

也就是说在 TI 公司提供的原生协议栈源代码中，用户需要修改的三个文件中的 Coordinator.h 是一个公共头文件。它既提供给协调器软件代码 Coordinator.c 有关的包含文件，也提供给终端节点源代码 Enddevice.c 有关的包含文件，这部分内容读者可以参考 TI 公司的用户指导文件，也可以参考网上网友的成功案例实现点对点通信。

在这里由于使用了新大陆时代教育科技有限公司的 ZigBee 节点硬件，因此我们使用新大陆时代教育科技有限公司提供的源代码，该源代码是由 Z-STACK 协议栈源代码进行简要修改而来的，修改内容与上述分析基本一致，仅文件名略有区别而已。另外，在 TI 公司发布的源代码中有简单通信方式（点对点）的例子源代码供读者使用。这里的点对点通信代码部分事实上有一定的限制，其主要的限制有几个方面：无法实现设备的扫描、不能实现中继功能、只有两个设备类型（协调器和终端）可用、传输过程中并未完全依照 IEEE802.15.4 协议要求、数据传输未成功丢弃。但是最基本的两个节点之间的通信是完全可以的。一般而言，实现基本的点对点通信过程需要掌握以下几个要点：

（1）配置无线通信节点部分代码中的参数。
（2）建立无线通信的过程。
（3）数据传输。

配置无线通信节点部分代码中的参数重点是配置以下几个参数：CHANNEL、PANID、MYADDR、SENDADDR 等。这几个参数的含义如下：

- CHANNEL：通信的信道选择，如果要通信成功所有节点的信道必须一样，通常设置为 11 ～ 26 之间的某一个数字。

- PANID：网络 ID，标示网络的地址。
- MYADDR：本节点的地址，英文含义是：我的地址。
- SENDADDR：对方节点的地址，英文含义是：发送地址，也就是需要从本节点将数据发送到的位置，该位置用地址表示。

这些需要设置的代码部分在 ..\CC2530_lib\basicrf\ 目录下的 basic_rf.h 文件中有一个结构体进行了声明，而且基本点对点简单无线通信的实验通过该目录下的基本代码就可以实现设置，然后在 app 目录下面编写应用层的软件就完全实现了两个节点之间的通信工作。总结一下，就是需要完成如下任务：

- 硬件初始化。
- 设置无线参数。
- 应用层代码编写。

下面就解释每一部分的具体内容。

第一，硬件初始化部分。硬件初始化部分主要需要完成的工作有：

（1）设置系统的时钟源。注意到由于需要使用无线通信，在前面我们通过手册的学习可知必须设置为 32MHz 的外部时钟。

（2）设置 I/O 口。

（3）初始化串口。

（4）调用系统板上的硬件初始化函数初始化系统板上的硬件。这里如果使用的是 TI 公司的官方原板，则硬件驱动层都可以不加修改地直接使用。

其主要代码部分如下：

```
halMcuInit();
MCU_IO_OUTPUT(HAL_BOARD_IO_LED_1_PORT, HAL_BOARD_IO_LED_1_PIN, 0);
MCU_IO_OUTPUT(HAL_BOARD_IO_LED_2_PORT, HAL_BOARD_IO_LED_2_PIN, 0);
MCU_IO_OUTPUT(HAL_BOARD_IO_LED_3_PORT, HAL_BOARD_IO_LED_3_PIN, 0);
MCU_IO_OUTPUT(HAL_BOARD_IO_LED_4_PORT, HAL_BOARD_IO_LED_4_PIN, 0);
halUartInit(38400);       // 初始化串口 0 的波特率为 38400
halIntOn();
```

第二，无线通信初始化部分。在前面已经初步讨论了无线通信的初始化问题，这里来看如何进行具体的初始化工作。对无线部分进行初始化工作的具体步骤如下：

（1）设置 ZigBee 的 PANID。

（2）设置 ZigBee 的 CHANNEL 频道号。

（3）设置本节点的地址。

（4）设置应答信号为：应答，即同意响应。

（5）检测参数是否配置成功，如果配置未成功则等待配置完成。

（6）打开无线通信装置。

其主要代码部分如下：

```
basicRfConfig.panId    = PAN_ID;        //ZigBee 的 ID 号设置
basicRfConfig.channel  = RF_CHANNEL;    //ZigBee 的频道设置
basicRfConfig.myAddr   = MY_ADDR;       // 设置本机地址
```

```
basicRfConfig.ackRequest      = TRUE;                  // 应答信号
while(basicRfInit(&basicRfConfig) == FAILED);          // 检测 ZigBee 的参数是否配置成功
basicRfReceiveOn();                                    // 打开 RF
```

注意，这里的地址部分比较重要，本机地址需要对每个节点单独设置，也就是当下载代码到本节点之前设置本节点地址。下一次下载到别的节点的时候，节点的地址是需要重新设置的。尤其要注意，在整个代码编写的过程中，不能有相同的节点地址，否则无线模块会因为找不到接收的节点而无法实现通信过程。

第三，应用层代码的编写。应用层代码的主要功能是完成两个节点的相互通信过程。注意由于代码只有一份，因此需要在下载的时候对两个节点进行下载，也就是下载两次，一次下载到协调器节点，另一次下载到终端节点，然后观察效果。新大陆时代教育有限公司的源代码算法设计如下：

（1）硬件初始化。
（2）无线模块初始化。
（3）设置两个 LED。
（4）在无限循环中做。

```
{
    如果 有按钮按下
    {
        对绿色 LED 取反（表示提示用户开始发送数据）
        发送一串字符串到另外一个节点
    }
    如果 有数据接收
    {
        把红色 LED 取反（表示提示用户开始接收数据）
        接收数据到数据缓冲区
    }
}
```

```
halBoardInit();
ConfigRf_Init();
HAL_LED_SET_1();
HAL_LED_SET_2();
while(1)
{
    if(scan_key())
    {
        halLedToggle(3);
        basicRfSendPacket(SEND_ADDR, "ZIGBEE TEST\r\n",13);
    }
    if(basicRfPacketIsReady())
    {
        halLedToggle(4);
        len = basicRfReceive(pRxData, MAX_RECV_BUF_LEN, NULL);
```

    }
}

至此，点对点通信的基本部分已经介绍完毕。这里再次强调：应用代码部分需要对不同的节点下载不同的代码，上述代码部分唯一不同之处就是节点的地址，所以在实验过程中节点地址一定不能相同，但是 CHANNEL 和 PANID 都是一样的。

### 7.1.2 实际验证

在本节中，就上一节介绍的内容部分进行实际验证。下面给出几个关键文档的源代码部分，以便于读者比对。

源代码 1：basic_rf.h。

```c
typedef struct
{
    uint16 myAddr;           // 本机地址
    uint16 panId;            // 网络 ID
    uint8 channel;           // 通信信道，11～26
    uint8 ackRequest;        // 应答信号
    #ifdef SECURITY_CCM
    uint8 *securityKey;
    uint8 *securityNonce;
    #endif
} basicRfCfg_t;

uint8 basicRfInit(basicRfCfg_t *pRfConfig);
uint8 basicRfSendPacket(uint16 destAddr, uint8 *pPayload, uint8 length);
uint8 basicRfPacketIsReady(void);
uint8 basicRfReceive(uint8 *pRxData, uint16 len, int16 *pRssi);
void basicRfReceiveOn(void);
void basicRfReceiveOff(void);
```

源代码 2：basic_rf.c。

```c
#include "hal_defs.h"
#include "hal_int.h"
#include "hal_mcu.h"           // Using halMcuWaitUs()
#include "hal_rf.h"
#include "basic_rf.h"
#ifdef SECURITY_CCM
#include "hal_rf_security.h"
#include "basic_rf_security.h"
#endif
#include <string.h>




#define PKT_LEN_MIC            8
```

```c
#define PKT_LEN_SEC            PKT_LEN_UNSEC + PKT_LEN_MIC
#define PKT_LEN_AUTH           8
#define PKT_LEN_ENCR           24

#define BASIC_RF_PACKET_OVERHEAD_SIZE  ((2 + 1 + 2 + 2 + 2) + (2))

#define BASIC_RF_MAX_PAYLOAD_SIZE (127-BASIC_RF_PACKET_OVERHEAD_SIZE- BASIC_
 RF_AUX_HDR_LENGTH - BASIC_RF_LEN_MIC)

#define BASIC_RF_ACK_PACKET_SIZE    5
#define BASIC_RF_FOOTER_SIZE        2
#define BASIC_RF_HDR_SIZE           10
#define BASIC_RF_ACK_DURATION           (0.5 * 32 * 2 * ((4 + 1) + (1) + (2 + 1) + (2)))
#define BASIC_RF_SYMBOL_DURATION        (32 * 0.5)
#define BASIC_RF_PLD_LEN_MASK       0x7F
#define BASIC_RF_FCF_NOACK          0x8841
#define BASIC_RF_FCF_ACK            0x8861
#define BASIC_RF_FCF_ACK_BM         0x0020
#define BASIC_RF_FCF_BM             (~BASIC_RF_FCF_ACK_BM)
#define BASIC_RF_SEC_ENABLED_FCF_BM     0x0008
#define BASIC_RF_FCF_NOACK_L        LO_UINT16(BASIC_RF_FCF_NOACK)
#define BASIC_RF_FCF_ACK_L          LO_UINT16(BASIC_RF_FCF_ACK)
#define BASIC_RF_FCF_ACK_BM_L       LO_UINT16(BASIC_RF_FCF_ACK_BM)
#define BASIC_RF_FCF_BM_L           LO_UINT16(BASIC_RF_FCF_BM)
#define BASIC_RF_SEC_ENABLED_FCF_BM_L LO_UINT16(BASIC_RF_SEC_ENABLED_FCF_BM)

#define BASIC_RF_AUX_HDR_LENGTH    5
#define BASIC_RF_LEN_AUTH  BASIC_RF_PACKET_OVERHEAD_SIZE+BASIC_RF_AUX_HDR_
LENGTH-BASIC_RF_FOOTER_SIZE

#define BASIC_RF_SECURITY_M         2
#define BASIC_RF_LEN_MIC            8

#ifdef SECURITY_CCM
#undef BASIC_RF_HDR_SIZE
#define BASIC_RF_HDR_SIZE           15
#endif

#define BASIC_RF_CRC_OK_BM          0x80


// The receive struct
typedef struct
{
    uint8 seqNumber;
```

```c
    uint16 srcAddr;
    uint16 srcPanId;
    int8 length;
    uint8 *pPayload;
    uint8 ackRequest;
    int8 rssi;
    volatile uint8 isReady;
    uint8 status;
} basicRfRxInfo_t;

// Tx state
typedef struct
{
    uint8 txSeqNumber;
    volatile uint8 ackReceived;
    uint8 receiveOn;
    uint32 frameCounter;
} basicRfTxState_t;

// Basic RF packet header (IEEE 802.15.4)
typedef struct
{
    uint8 packetLength;
    uint8 fcf0;           // Frame control field LSB
    uint8 fcf1;           // Frame control field MSB
    uint8 seqNumber;
    uint16 panId;
    uint16 destAddr;
    uint16 srcAddr;
    #ifdef SECURITY_CCM
    uint8 securityControl;
    uint8 frameCounter[4];
    #endif
} basicRfPktHdr_t;

static basicRfRxInfo_t rxi = {
    0xFF
}; // Make sure sequence numbers are

static basicRfTxState_t txState = {
    0x00
}; // initialised and distinct.

static basicRfCfg_t *pConfig;
static uint8 txMpdu[BASIC_RF_MAX_PAYLOAD_SIZE + BASIC_RF_PACKET_OVERHEAD_SIZE + 1];
static uint8 rxMpdu[128];
```

```c
static uint8 basicRfBuildHeader(uint8 *buffer, uint16 destAddr, uint8 payloadLength)
{
    basicRfPktHdr_t *pHdr;
    uint16 fcf;

    pHdr = (basicRfPktHdr_t*)buffer;
    pHdr->packetLength = payloadLength + BASIC_RF_PACKET_OVERHEAD_SIZE;
    fcf = pConfig->ackRequest ? BASIC_RF_FCF_ACK : BASIC_RF_FCF_NOACK;
    pHdr->fcf0 = LO_UINT16(fcf);
    pHdr->fcf1 = HI_UINT16(fcf);
    pHdr->seqNumber = txState.txSeqNumber;
    pHdr->panId = pConfig->panId;
    pHdr->destAddr = destAddr;
    pHdr->srcAddr = pConfig->myAddr;

    #ifdef SECURITY_CCM

        // Add security to FCF, length and security header
        pHdr->fcf0 |= BASIC_RF_SEC_ENABLED_FCF_BM_L;
        pHdr->packetLength += PKT_LEN_MIC;
        pHdr->packetLength += BASIC_RF_AUX_HDR_LENGTH;

        pHdr->securityControl = SECURITY_CONTROL;
        pHdr->frameCounter[0] = LO_UINT16(LO_UINT32(txState.frameCounter));
        pHdr->frameCounter[1] = HI_UINT16(LO_UINT32(txState.frameCounter));
        pHdr->frameCounter[2] = LO_UINT16(HI_UINT32(txState.frameCounter));
        pHdr->frameCounter[3] = HI_UINT16(HI_UINT32(txState.frameCounter));

    #endif

    return BASIC_RF_HDR_SIZE;
}

static uint8 basicRfBuildMpdu(uint16 destAddr, uint8 *pPayload, uint8 payloadLength)
{
    uint8 hdrLength, n;

    hdrLength = basicRfBuildHeader(txMpdu, destAddr, payloadLength);
    for (n = 0; n < payloadLength; n++)    {
        txMpdu[hdrLength + n] = pPayload[n];
    }
    return hdrLength + payloadLength;        // total mpdu length
}

static void basicRfRxFrmDoneIsr(void)
```

```c
    {
      basicRfPktHdr_t *pHdr;
      uint8 *pStatusWord;
      #ifdef SECURITY_CCM
      uint8 authStatus = 0;
      #endif

      pHdr = (basicRfPktHdr_t*)rxMpdu;
      halRfDisableRxInterrupt();
      halIntOn();
      halRfReadRxBuf(&pHdr->packetLength, 1);
      pHdr->packetLength &= BASIC_RF_PLD_LEN_MASK; // Ignore MSB
      if (pHdr->packetLength == BASIC_RF_ACK_PACKET_SIZE)
      {
        halRfReadRxBuf(&rxMpdu[1], pHdr->packetLength);
        rxi.ackRequest = !!(pHdr->fcf0 &BASIC_RF_FCF_ACK_BM_L);
        pStatusWord = rxMpdu + 4;
        if ((pStatusWord[1] &BASIC_RF_CRC_OK_BM) && (pHdr->seqNumber == txState.txSeqNumber))
        {
          txState.ackReceived = TRUE;
        }
      }

      else   {
        rxi.length = pHdr->packetLength - BASIC_RF_PACKET_OVERHEAD_SIZE;
        #ifdef SECURITY_CCM
            rxi.length -= (BASIC_RF_AUX_HDR_LENGTH + BASIC_RF_LEN_MIC);
            authStatus = halRfReadRxBufSecure(&rxMpdu[1], pHdr->packetLength, rxi.length, BASIC_RF_
            LEN_AUTH, BASIC_RF_SECURITY_M);
        #else
        halRfReadRxBuf(&rxMpdu[1], pHdr->packetLength);
        #endif
        rxi.ackRequest = !!(pHdr->fcf0 &BASIC_RF_FCF_ACK_BM_L);
        rxi.srcAddr = pHdr->srcAddr;
        rxi.pPayload = rxMpdu + BASIC_RF_HDR_SIZE;
        pStatusWord = rxi.pPayload + rxi.length;
        #ifdef SECURITY_CCM
            pStatusWord += BASIC_RF_LEN_MIC;
        #endif
        rxi.rssi = pStatusWord[0];
        if ((pStatusWord[1] &BASIC_RF_CRC_OK_BM) )//&& (rxi.seqNumber != pHdr->seqNumber))
        {
          #ifdef SECURITY_CCM
              if (authStatus == SUCCESS)
              {
                if ((pHdr->fcf0 &BASIC_RF_FCF_BM_L) == (BASIC_RF_FCF_NOACK_L | BASIC_RF_
```

```c
                SEC_ENABLED_FCF_BM_L)) {
                rxi.isReady = TRUE;
            }
        }
        #else if(((pHdr->fcf0 &(BASIC_RF_FCF_BM_L)) == BASIC_RF_FCF_NOACK_L))
        {
            rxi.isReady = TRUE;
        }
        #endif
    }
    rxi.seqNumber = pHdr->seqNumber;
}
// Enable RX frame done interrupt again
halIntOff();
halRfEnableRxInterrupt();
}

uint8 basicRfInit(basicRfCfg_t *pRfConfig)
{
    if (halRfInit() == FAILED)
    {
        return FAILED;
    }

    halIntOff();

    // Set the protocol configuration
    pConfig = pRfConfig;
    rxi.pPayload = NULL;

    txState.receiveOn = TRUE;
    txState.frameCounter = 0;

    // Set channel
    halRfSetChannel(pConfig->channel);

    // Write the short address and the PAN ID to the CC2520 RAM
    halRfSetShortAddr(pConfig->myAddr);
    halRfSetPanId(pConfig->panId);

    // if security is enabled, write key and nonce
    #ifdef SECURITY_CCM
        basicRfSecurityInit(pConfig);
    #endif

    // Set up receive interrupt (received data or acknowlegment)
```

```c
    halRfRxInterruptConfig(basicRfRxFrmDoneIsr);

    halIntOn();

    return SUCCESS;
}

uint8 basicRfSendPacket(uint16 destAddr, uint8 *pPayload, uint8 length)
{
    uint8 mpduLength;
    uint8 status;
    if (!txState.receiveOn)    {
        halRfReceiveOn();
    }
    length = MIN(length, BASIC_RF_MAX_PAYLOAD_SIZE);
    halRfWaitTransceiverReady();
    halRfDisableRxInterrupt();
    mpduLength = basicRfBuildMpdu(destAddr, pPayload, length);
    #ifdef SECURITY_CCM
        halRfWriteTxBufSecure(txMpdu, mpduLength, length, BASIC_RF_LEN_AUTH, BASIC_RF_SECURITY_M);
        txState.frameCounter++; // Increment frame counter field
    #else    halRfWriteTxBuf(txMpdu, mpduLength);
    #endif

    halRfEnableRxInterrupt();
    if (halRfTransmit() != SUCCESS)    {
        status = FAILED;
    }
    if (pConfig->ackRequest)
    {
        txState.ackReceived = FALSE;
        halMcuWaitUs((12*BASIC_RF_SYMBOL_DURATION)+(BASIC_RF_ACK_DURATION)+(2*BASIC_RF_SYMBOL_DURATION)+10);
        status = txState.ackReceived ? SUCCESS : FAILED;
    }
    else    {
        status = SUCCESS;
    }
    if (!txState.receiveOn)    {
        halRfReceiveOff();
    }
    if (status == SUCCESS)    {
        txState.txSeqNumber++;
    }
    #ifdef SECURITY_CCM
```

```c
      halRfIncNonceTx(); // Increment nonce value
   #endif
   return status;
}

uint8 basicRfPacketIsReady(void){
   return rxi.isReady;
}
uint8 basicRfReceive(uint8 *pRxData, uint16 len, int16 *pRssi){
   // Accessing shared variables -> this is a critical region
   // Critical region start
   halIntOff();
   memcpy(pRxData, rxi.pPayload, MIN(rxi.length, len));
   if (pRssi != NULL)
   {
      if (rxi.rssi < 128)
      {
         *pRssi = rxi.rssi - halRfGetRssiOffset();
      }
      else
      {
         *pRssi = (rxi.rssi - 256) - halRfGetRssiOffset();
      }
   }
   rxi.isReady = FALSE;
   halIntOn();

   // Critical region end
   return MIN(rxi.length, len);
}
int8 basicRfGetRssi(void){
   if (rxi.rssi < 128)   {
      return rxi.rssi - halRfGetRssiOffset();
   }
   else   {
      return (rxi.rssi - 256) - halRfGetRssiOffset();
   }
}
void basicRfReceiveOn(void){
   txState.receiveOn = TRUE;
   halRfReceiveOn();
}
void basicRfReceiveOff(void){
   txState.receiveOn = FALSE;
   halRfReceiveOff();
}
```

源代码 3：应用层代码部分。

```c
#include "hal_defs.h"
#include "hal_cc8051.h"
#include "hal_int.h"
#include "hal_mcu.h"
#include "hal_board.h"
#include "hal_led.h"
#include "hal_rf.h"
#include "basic_rf.h"
#include "hal_uart.h"
#include <stdio.h>
#include <string.h>
#include <stdarg.h>
uint8 scan_key();
#define MAX_SEND_BUF_LEN  128
#define MAX_RECV_BUF_LEN  128
static uint8 pTxData[MAX_SEND_BUF_LEN];      // 定义无线发送缓冲区的大小
static uint8 pRxData[MAX_RECV_BUF_LEN];      // 定义无线接收缓冲区的大小
#define MAX_UART_SEND_BUF_LEN  128
#define MAX_UART_RECV_BUF_LEN  128
uint8 uTxData[MAX_UART_SEND_BUF_LEN];        // 定义串口发送缓冲区的大小
uint8 uRxData[MAX_UART_RECV_BUF_LEN];        // 定义串口接收缓冲区的大小
uint16 uTxlen = 0;
uint16 uRxlen = 0;

/***** 点对点通信地址设置 ******/
#define RF_CHANNEL    20            // 频道 11~26
#define PAN_ID        0x1A5B        // 网络 id
#define MY_ADDR       0x1015        // 本机模块地址
#define SEND_ADDR     0xAC3A        // 发送地址
/**********************************************/
static basicRfCfg_t basicRfConfig;
// 无线 RF 初始化
void ConfigRf_Init(void)
{
    basicRfConfig.panId      = PAN_ID;           //ZigBee 的 ID 号设置
    basicRfConfig.channel    = RF_CHANNEL;       //ZigBee 的频道设置
    basicRfConfig.myAddr     = MY_ADDR;          // 设置本机地址
    basicRfConfig.ackRequest = TRUE;             // 应答信号
    while(basicRfInit(&basicRfConfig) == FAILED);  // 检测 ZigBee 的参数是否配置成功
    basicRfReceiveOn();                          // 打开 RF
}
```

主程序部分代码如下：

```c
void main(void)
{
    uint16 len = 0;
```

```
halBoardInit();         // 模块相关资源的初始化
ConfigRf_Init();        // 无线收发参数的配置初始化
HAL_LED_SET_1();        // LED1 on
HAL_LED_SET_2();        // LED2 on
while(1)
{
  if(scan_key())  // 有按键，则发送数据
  {
    halLedToggle(3);    // 绿灯取反，发送指示
    basicRfSendPacket(SEND_ADDR,"ZIGBEE TEST\r\n",13);

  }

  if(basicRfPacketIsReady())  // 判断有无收到 ZigBee 信号
  {
    halLedToggle(4);    // 红灯取反，接收指示
    len = basicRfReceive(pRxData, MAX_RECV_BUF_LEN, NULL);  // 接收数据
  }
 }
}

#define key_io P1_2

uint8  scan_key()
{
  static uint8  keysta=1;
  if (key_io)
  { // 按键断开
    keysta=1;
    return 0;
  }
  else
  {
    if(keysta==0)
      return 0;
    keysta=0;
    return 1;
  }
}
```

上述源代码为读者需要参考的源代码部分，尤其是主程序部分。下面来逐步演示整个过程。

第一步：双击源代码中的工程文件，如图 7-3 所示。

在工程文件目录中，工程文件的类型是 IAR IDE Workspace，表示是 IAR 集成开发环境的工作空间文件，该文件就是整个工作空间。双击后的效果如图 7-4 所示。

单击"编译"按钮编译整个工程，编译完成没有错误，但是有几个警告，这几个警告不是严重问题，可以忽略掉，如图 7-5 所示。

| 名称 | 修改日期 | 类型 | 大小 |
|---|---|---|---|
| Debug | 2017/7/26 17:21 | 文件夹 | |
| settings | 2016/10/15 15:49 | 文件夹 | |
| rf_set | 2017/8/9 15:55 | c_file | 3 KB |
| rf_set.dep | 2017/8/9 20:02 | DEP 文件 | 11 KB |
| rf_set.ewd | 2013/10/24 10:07 | EWD 文件 | 34 KB |
| rf_set.ewp | 2013/10/24 10:07 | EWP 文件 | 56 KB |
| rf_set | 2013/10/24 10:07 | IAR IDE Workspace | 1 KB |

图 7-3　工程文件目录图

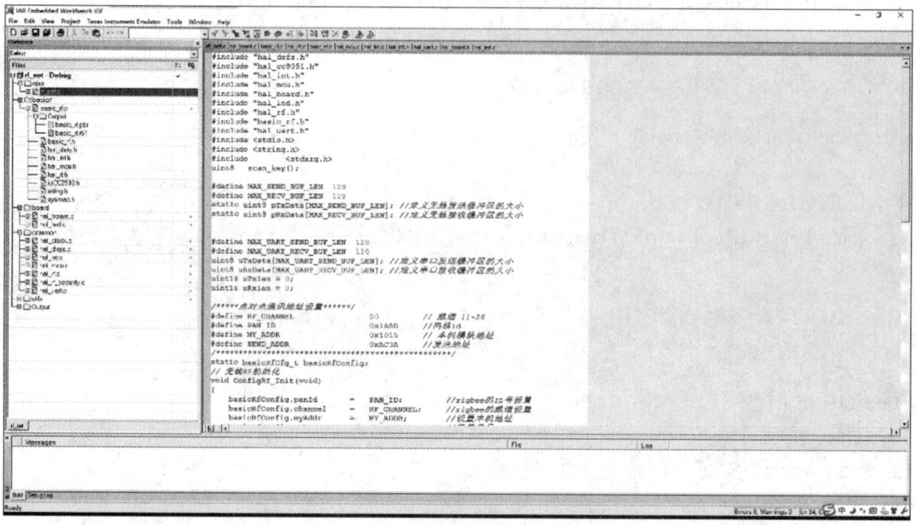

图 7-4　工作空间中的工程文件

图 7-5　编译结果

第二步：修改源代码。双击左侧 app 目录下的 C 文件，修改其中的源代码，如图 7-6 所示。

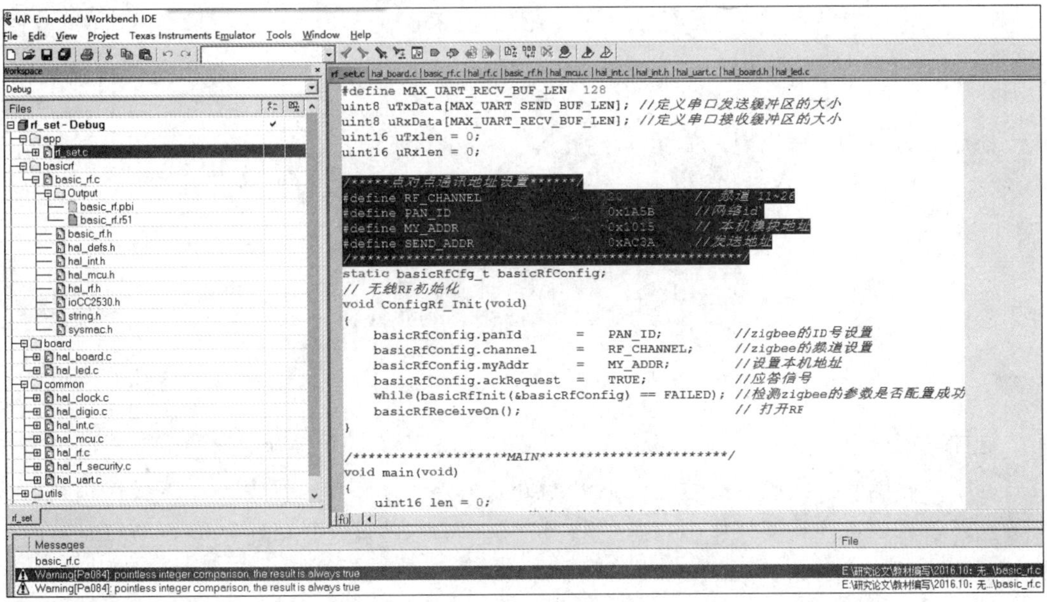

图 7-6　修改源代码

这里修改的内容如下：

```
#define RF_CHANNEL    20           // 频道可以选择 11～26
#define PAN_ID        0x1A5B       // 网络 ID
#define MY_ADDR       0x1015       // 本机模块地址
#define SEND_ADDR     0xAC3A       // 发送地址
```

**说明：**

① RF_CHANNEL：频道选定，长度为两个字节，唯独选择的范围为 11～26。这是由于 2.4g 的 ZigBee 协议栈含有 16 个通信信道，即信道 11～信道 26。本 ZigBee 网络内每个节点这个参数都设置成一样的。

② PAN_ID：长度为两个字节，表示网络地址，取值范围为 1～65535。本 ZigBee 网络内每个节点这个参数都设置成一样的。

③ MY_ADDR：为本节点的地址，长度为两个字节，取值范围为 0～65535。注意，这个参数每个节点都不同，只要设置为不同的即可。

④ SEND_ADDR：长度为两个字节，取值范围为 0～65535，表示发送到该地址所在的节点。

在实际操作的时候，对每一个短距离无线通信局域网而言，都有自己的网络 ID（PANID）。两个相邻的无线通信 ZigBee 网络允许有相同的信道，但是不推荐这么做，主要是减少无线信号的冲突。

第三步：编译并下载到开发板上。首先单击"下载与调试"按钮，如图 7-7 所示。

图 7-7 "下载与调试"按钮

然后等待下载过程出现，如图 7-8 所示。

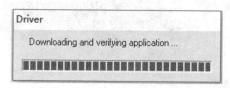

图 7-8 等待下载过程出现

这样，第一个节点就下载完成了。注意我们需要下载两个节点，因此下载完这个节点之后，应当通电并将其放在附近，然后开始处置另外一个节点。注意，在下载代码到另一个节点之前需要对代码部分作出一定的修改，这里的修改就是地址上的变更。点对点通信的节点编址原理如图 7-9 所示。

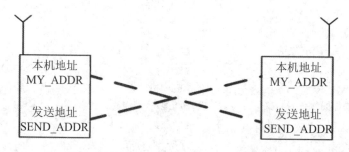

图 7-9 点对点通信节点编址原理示意图

上图中的编址原理很清晰地说明了点对点通信的基本地址构成，也就是两个节点的地址符合如下规律：A 节点的发送地址是 B 节点的本机地址；A 节点的本机地址是 B 节点的发送地址。

因此，在下载第二个节点之前，应当将地址部分代码进行如下修改：

```
#define RF_CHANNEL    20           // 频道可以选择 11～26
#define PAN_ID        0x1A5B       // 网络 ID
#define MY_ADDR       0xAC3A       // 本机模块地址
#define SEND_ADDR     0x1015       // 发送地址
```

然后再次编译并下载到第二个节点上，编译和下载过程与前面一致，下载完毕后直接通电运行。

第四步：效果演示。需要再次强调的是：在图 7-9 中已经明确了两个节点的地址处置情况，即 A 节点的发送地址是 B 节点的本机地址，A 节点的本机地址是 B 节点的发送地址；该条件必须被严格满足。两个已经下载好代码的节点如图 7-10 所示。

图 7-10 两个通电的节点

操作该节点的时候，依照如下代码：

```
while(1)
  {
    if(scan_key())  // 有按键，则发送数据
    {
      halLedToggle(3);      // 绿灯取反，发送指示
      basicRfSendPacket(SEND_ADDR,"ZIGBEE TEST\r\n",13);

    }

    if(basicRfPacketIsReady())  // 判断有无收到 ZigBee 信号
    {
      halLedToggle(4);      // 红灯取反，接收指示
      len = basicRfReceive(pRxData, MAX_RECV_BUF_LEN, NULL);  // 接收数据
    }
  }
```

分析其中的含义，要点是：如果有按键按下，就发送一个字符串出去；如果有接收就亮一下 LED 灯，并保存数据到缓冲区。

因此，看到的效果是：A 节点按一下按键，如果 B 节点收到，则 B 节点亮一下 LED，再次按下 A 节点上的按键，如果 B 节点收到，则 B 节点灭掉刚亮起的 LED；同样，B 节点按一下按键，如果 A 节点收到，则 A 节点亮一下 LED，再次按下 B 节点上的按键，如果 A 节点收到，则 A 节点灭掉刚亮起的 LED。其四组效果如图 7-11 至图 7-14 所示。

图 7-11　按下 A 节点按键 B 节点亮红色 LED

图 7-12　再次按下 A 节点按键 B 节点灭红色 LED

至此，点对点通信实验过程演示完成。但是需要看到的是：从图 7-11 至图 7-14 的实验结果来看，我们仅仅知道双方的确是在通信，但是无法保证任何一方收到的信息就是代码中的那一串字符串。因此，这里存在这个缺点，这个问题将由下一节的应用实验来继续完成。

第 7 章 星型网络

图 7-13 按下 B 节点按键 A 节点亮红色 LED

图 7-14 再次按下 B 节点按键 A 节点灭红色 LED

## 7.2 无线串口

在上一节中,我们完成了一个最基础的无线通信应用。这个最基础的点对点通信应用是无线应用中最重要的基础应用技术之一,以此为基础可以实现很多的相关应用,其中的一个典型应用就是无线串口。无线串口是实现两台计算机无线串行通信的一种技术,该技术利用了以下两个主要技术要点:

(1)无线通信,本节中使用 7.1 节介绍的点对点通信技术。

(2)串行通信技术,本节中使用第 5 章中介绍的技术。

因此,在本节中结合第 5 章和上一节的技术来实现串行通信的无线通信方式,我们称它为:无线串口。无线串口的基本硬件架设结构如图 7-15 所示。

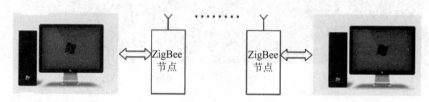

图 7-15 双机无线串口概念图

图中很明确地展示了两台计算机通过无线串口进行相互通信的过程,每台计算机连接一个 ZigBee 节点即可,此时这两个节点是不区分主节点和从节点的。无线串口需要完成的功能是两台计算机进行无线串行通信,每个节点对其连接的计算机进行串行通信在前面的章节中已经介绍过,这里只需要结合无线通信部分的应用即可,那么实现双机无线串口需要完成的任务具体讨论如下:

(1)系统初始化。

(2)无限循环。

```
如果    本机有数据需要发送
        发送数据
如果    有无线信号
        无线模块接收数据
        将接收到的数据通过串口发送到本机
```

以上就是应用部分的主要流程,下面给出核心部分的主要代码。

```
halBoardInit();        // 模块相关资源的初始化
ConfigRf_Init();       // 无线收发参数的配置初始化
halLedSet(3);
halLedSet(4);
while(1)
{
    len = RecvUartData();   // 接收串口数据
```

```
        if(len > 0)
        {
            halLedToggle(3);      // 绿灯取反，无线发送指示
            // 把串口数据通过 ZigBee 发送出去
            basicRfSendPacket(SEND_ADDR, uRxData,len);
        }
        if(basicRfPacketIsReady())  // 查询有没有收到无线信号
        {
            halLedToggle(4);   // 红灯取反，无线接收指示
            // 接收无线数据
            len = basicRfReceive(pRxData, MAX_RECV_BUF_LEN, NULL);
            // 接收到的无线数据发送到串口
            halUartWrite(pRxData,len);
        }
    }
}
```

与 7.1 节一致，两个节点的地址也需要对换，CHANNEL 和 PANID 两个节点必须完全一样。下面给出本例中使用的 CHANNEL、PANID、本机地址、发送地址。

```
#define RF_CHANNEL      20
#define PAN_ID          0x1379
#define MY_ADDR         0x1234
#define SEND_ADDR       0x5678
```

另外一个节点只需要把 MY_ADDR 参数和 SEND_ADDR 参数互换即可。打开源代码部分编译之后，结果如图 7-16 所示。

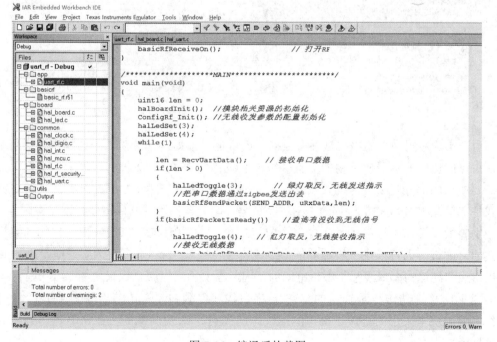

图 7-16  编译后的截图

下载代码到第一个节点并通电,然后修改代码中关于地址的部分,如下:

```
#define RF_CHANNEL    20
#define PAN_ID        0x1379
#define MY_ADDR       0x5678
#define SEND_ADDR     0x1234
```

再次编译并下载代码到第二个节点上。通电后进行测试,无线串口的测试方法与串行通信部分介绍的测试方法基本一致,唯一的区别是需要两台计算机,每一台计算机连接一个通电的节点。注意,读者在测试的时候每台连接节点的计算机上都需要打开一个串口终端软件,如图 7-17 所示。

图 7-17  一种串口调试工具界面

由于实际应用当中的串口软件有很多,读者可以根据自己的需求来选择。只是需要注意,在我们提供的例子代码中的配置参数为:波特率 38400、无校验、停止位 1 位。第二个需要注意的部分是:发送与接收的符号表示,文本模式与 HEX 模式是有区别的。文本模式是字符,HEX 模式是纯粹的十六进制数据,读者在使用的时候需要特别注意区分。

实验效果展示:连接硬件,在每个节点连接一个 USB 转串口线(如果你的计算机是老式的台式机,则可以找一根纯粹的串口线连接上去),当然节点必须要通电,因为 USB 转串口线和纯粹的串口线都是不带电源的,因此需要独立电源。效果如图 7-18 所示。

图 7-18 中左边节点是连接的 USB 转串口线和电源线,右边节点除了连接 USB 转串口线之外,供电采用的是调试接口的排线。连接到计算机一端的两根 USB 转串口线如图 7-19 所示。

图 7-18　节点连接 USB 线与电源

图 7-19　连接计算机一端的 USB 转串口线

硬件连接好了之后，在计算机的硬件管理器界面上应当能够看到两个虚拟的串口设备，在本实验的计算机中显示为 COM6 和 COM8，本例中的两根 USB 转串口线并非同一方案设计，其设备管理器界面中扫描到的硬件设备型号如图 7-20 所示。

读者可以看到在端口下面有两个 COM 设备：一个是 COM8，另一个是 COM6，这两个设备就是插入同一台计算机的两个 USB 转串口的数据线。当然最好使用两台计算机来完成本实验，我们这里是为了截取图片的方便。使用两台计算机的效果更好，因为两台计算机可以通过移动距离来测试节点的实际通信距离，这是我们这个为了"方便"而牺牲的性能测试。

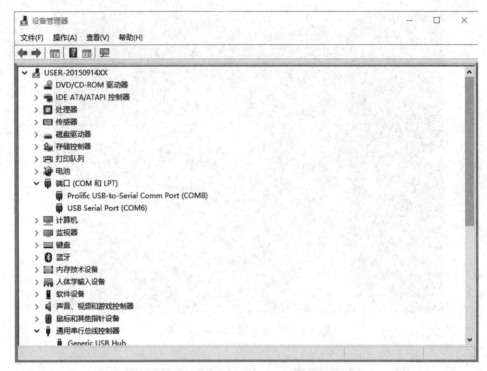

图 7-20 两个串口虚拟设备在计算机中的显示

打开两个串口终端软件,如果是节点分别连接到两台计算机上,则每台计算机都打开一个串口终端软件,如图 7-21 所示。

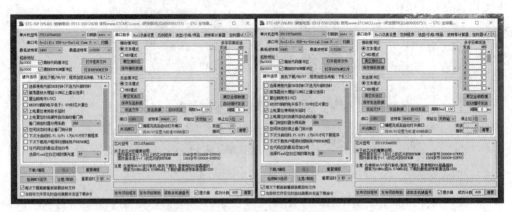

图 7-21 打开两个串口终端软件

其中两个串口终端软件的配置是跟图 7-20 中扫描到的端口号 COM6 和 COM8 有关的。注意,USB 转串口插到每台计算机上的这个端口号很可能不同,因此如果需要自行完成实验的时候必须通过查看设备管理器来确定本机连接了 USB 转串口线之后的具体端口号是多少。两个串口终端配置的具体参数列举如下:

串口:COM6;波特率:38400;校验位:无;停止位:1

串口:COM8;波特率:38400;校验位:无;停止位:1

图 7-22 和图 7-23 中显示了上面的配置。

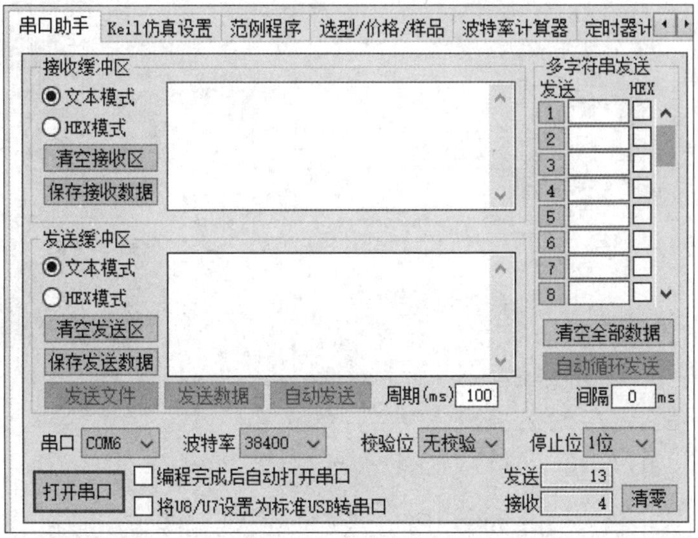

图 7-22　COM6 配置界面

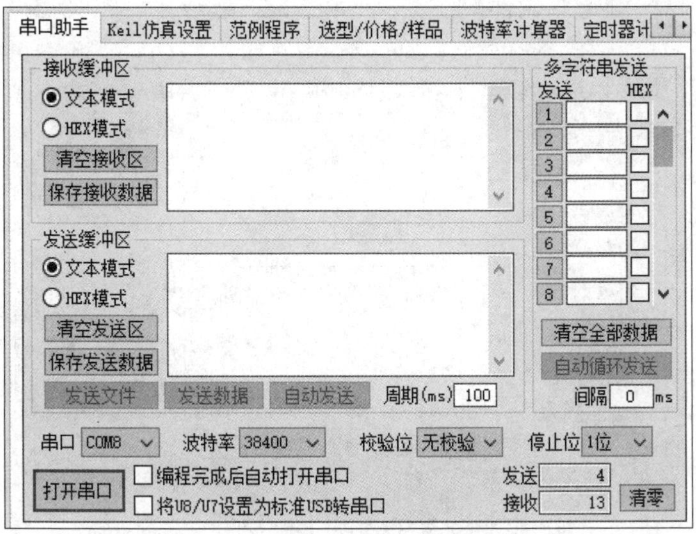

图 7-23　COM8 配置界面

上面的配置界面在接收缓冲区与发送缓冲区都应当设置为：文本模式，以便于查看相互之间传输的数据以文本方式显示。在设置都完成之后，启动该软件只需要单击"打开串口"按钮即可打开串口并连接到节点。然后两个节点可以进行互相发送数据操作。下面就来实验互相发送数据，我们设计的相互发送实验如下：

COM6 对应的节点向 COM8 对应的节点发送中文：你好！

COM8 对应的节点向 COM6 对应的节点发送英文：Hello!

先来看 COM6 对应的节点操作，如图 7-24 所示。

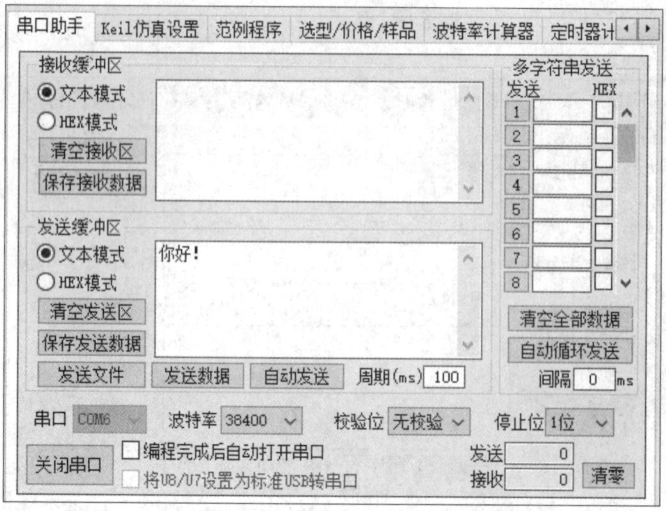

图 7-24　COM6 节点数据发送图

在发送缓冲区中输入汉语"你好！"，然后单击"发送数据"按钮，即可将数据通过节点经过无线通信发送出去，单击"发送数据"按钮后另外一个节点收到数据，并将其显示到串口 COM8 对应的串口软件接收区中，如图 7-25 所示。

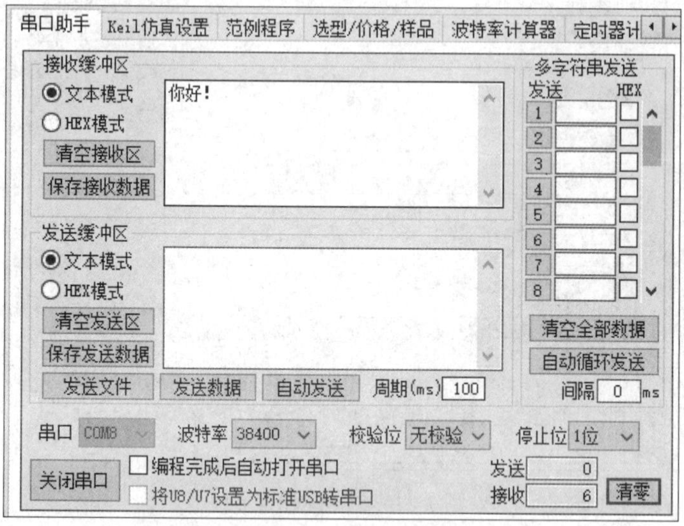

图 7-25　COM8 对应节点收到该数据后的显示

至此，我们可以确认 COM6 对应节点发送的数据 COM8 对应的节点已经成功地收到了。相反地，在 COM8 上发送数据"Hello！"，然后希望 COM6 对应的节点收到，这里设置 COM8 的内容，具体 COM8 对应的节点操作如图 7-26 所示。

在发送缓冲区中输入英语"Hello！"，然后单击"发送数据"按钮，即可将数据通过节点经过无线通信发送出去，单击"发送数据"按钮后另外一个节点收到数据，并将其显示到串口 COM6 对应的串口软件接收区中，如图 7-27 所示。

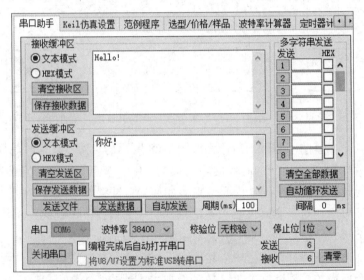

图 7-26　COM8 节点数据发送

图 7-27　COM6 对应节点收到该数据后的显示

至此，无线串口对应的实验已经全部实现，这种无线串口在实际当中有较为广泛的应用，且在下一节我们将基于介绍的无线通信技术实现较为复杂的应用功能。

## 7.3　星型网络

在前两节中，已经详细介绍了基本点对点通信的简单原理、简单用法和简单应用。这是基于两个点之间直接通信的设计思想来实现的方式，在这里把这个两点之间直接通信的设计思想予以扩展，基本想法是从图 7-28 所示的通信扩展成图 7-29 所示的通信。

图 7-28　单点对单点通信

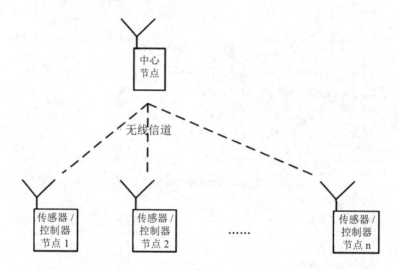

图 7-29　单点对多点通信（其中终端节点有计算机节点、普通传感器节点）

　　这里存在一个显著的问题，当情形为如图 7-28 所示的点对点通信时，显然没有问题；但是如果情形为如图 7-29 所示的时候问题就来了，中心节点只有一个但采集节点有很多，如果这些节点同时启动数据传输，中心节点该如何处置冲突？

　　事实上，如果用户对于实时性要求不是特别明显的前提下，解决办法是显然的：就是中心节点一个节点一个节点地查询，并点对点通信；通信完毕继续查询下一个节点，继续通信，直到全部节点查询并通信完毕；然后启动下一路通信与数据传递过程。那么事实上这就已经是一个标准的星型网络了。这是对于刚才提到的"如果用户对于实时性要求不是特别明显的前提下"，而如果用户有严格的实时性要求呢？那么从某种角度来说这个问题就变成了：采用这种形式的网络是否能解决用户应用需求这个问题了。因此，这里我们不考虑这个问题，仅仅先依照"逐点查询"的方法来实现这个星型网络。然后用户是否需要这个网络就依照其需求来决定，这样也不会影响我们独立讨论星型网络的应用方法。下面就依照逐点查询的思路来介绍星型网络。考察图 7-29 所示的架构，这是星型网络的一般性结构。组建星型网络有几个必须要注意的问题：节点地址的设置、通信方式（查询还是突发）、数据传送的格式。

　　（1）节点地址的设置。星型网络只有一个中心点，该中心点负责采集其他节点的数据，因此其他所有节点的发送地址都是这个中心点的地址；同时，中心点由于需要与其他节点进行通信，因此其他节点的地址应当在中心节点代码中设置为一个节点地址访问数组。其地址分布情况如图 7-30 所示。

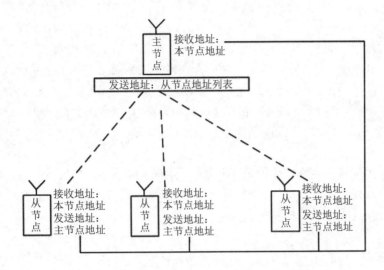

图 7-30  节点地址分布情况

主节点：主节点的接收地址就是主节点的本机地址，这个接收地址也是所有从节点的发送地址；主节点的发送地址是一个列表，这个列表中记载了所有从节点的地址，当需要发送给某个从节点时，从该列表中找出一个地址即可。

从节点：从节点的接收地址就是从节点的本机地址，这个接收地址也是主节点发送地址列表中的某一个地址；从节点的发送地址就是主节点的接收地址，这对所有从节点都一样。

注意，在实际中虽然主节点的发送地址列表并不一定记载全部从节点的节点地址，这是由于可能主节点只需要收取从节点的数据而无需发送数据给从节点，那么记录从节点的地址就没有什么必要了。还有一个问题就是，如果采用的是完整的 ZigBee 协议，那么节点地址是动态生成的，因此这里列表记录的地址就是不确定的。因此这种方案仅仅适用于星型网络的某些情形，尤其是查询传输的情况。但是图 7-30 已经完整地把星型网络的一般性地址情况讨论清楚了，这里需要赘述的是默认局域网中全部节点的 CHANNEL 参数和 PANID 参数是完全一致的前提下，因此这里没讨论这两个参数。

（2）通信方式。如果星型节点需要优先级方面的需求，也允许开发人员去设置，但是一般星型网络的节点优先级是一样的，这只是因为同样的节点优先级处置起来更简便而已。如果用户需要同时考虑实时与优先级并存的前提下，那么对于星型网络是否符合其应用目标这个问题就需要深入研究了，这是因为一般而言星型网络不能同时满足优先级与实时性并存，只能尽可能提高实时性并满足优先级。所以后面的例子使用星型网络的通信方式采用查询方式来实现，也就是假定每个节点优先级一样，主节点与各个子节点轮询式传输数据。采用这种方式在要求不高的时候很实用，并且当传输的数据量很小且节点数目不是很多的时候非常通用，这是由于这种网络足够简单。

> **提示：**
>
> 本书作者认为：以物联网的发展趋势而言，低频无线网络将成为物联网前端传感网络中一个非常重要的组成部分，尤其是433MHz（典型为LoRa协议支持的SX1278处理器的低频节点）以及更低频率与更高传输速度的低频无线网络，并且这些网络通常使用了星型网络为主要的部分网络（事实上是在多个星型网络之间，使用"跳"的方式进行转接与互联，最终的全网信息收集节点一般而言只有一个）。因此，即便读者对于基于ZigBee的自组网不具有信心的前提下，2.4GHz的星型网络组网技术仍然很有实验价值，读者应当熟练掌握。

（3）数据传送格式：数据传送格式问题在实际中就是通信协议，通信协议有节点之间的通信、主节点与其连接计算机之间的协议。这两部分通信协议中节点之间的数据通信协议更加重要，它保证了节点之间的数据通信。

> **注意：**
>
> 星型网络的节点通信只有主节点和某一个子节点之间的数据通信。

给出的以上三点已经较为完整地说明了一个星型网络中必须准备的部分，下面就提供一个简单的星型网络的例子来演示一个简单星型网络应用。该网络总共有8个节点：主节点（采集节点）、光照度传感器节点、一氧化碳传感器节点、可燃气体传感器节点、火焰传感器节点、温湿度传感器节点、人体红外传感器节点、继电器节点。这个星型网络可以部分使用也可以完整使用，注意到一个关键问题：如果主节点崩溃这个网络就崩溃了，因此主节点是一个星型网络的关键也是星型网络中最脆弱的部分。下面给出每个节点的地址分配。

（1）主节点。

```
#define RF_CHANNEL      20
#define PAN_ID          0x1379
#define MY_ADDR         0x1234
#define SEND_ADDR       0x55aa
```

（2）光照度传感器节点。

```
#define RF_CHANNEL      20
#define PAN_ID          0x1379
#define MY_ADDR         0x0001
#define SEND_ADDR       0x1234
```

（3）一氧化碳传感器节点。

```
#define RF_CHANNEL      20
#define PAN_ID          0x1379
#define MY_ADDR         0x0002
#define SEND_ADDR       0x1234
```

（4）可燃气体传感器节点。

```
#define RF_CHANNEL     20
#define PAN_ID         0x1379
#define MY_ADDR        0x0003
#define SEND_ADDR      0x1234
```

（5）火焰传感器节点。

```
#define RF_CHANNEL     20
#define PAN_ID         0x1379
#define MY_ADDR        0x0004
#define SEND_ADDR      0x1234
```

（6）温湿度传感器节点。

```
#define RF_CHANNEL     20
#define PAN_ID         0x1379
#define MY_ADDR        0x0005
#define SEND_ADDR      0x1234
```

（7）人体红外传感器节点。

```
#define RF_CHANNEL     20
#define PAN_ID         0x1379
#define MY_ADDR        0x0006
#define SEND_ADDR      0x1234
```

（8）继电器节点。

```
#define RF_CHANNEL     20
#define PAN_ID         0x1379
#define MY_ADDR        0x55aa
#define SEND_ADDR      0x1234
```

经过编译与下载过程，用户可以通过源代码自行验证实验的效果。注意，主节点应当开启一个串口终端软件，以便于更好地观察各个节点的采集效果。

## 7.4 本章小结

本章简要介绍了简单网络通信技术，尤其重点介绍了两种不同的通信方式：点对点通信和在点对点通信基础上延伸的星型网络通信，这些无线通信方式在实际项目实施当中有较好的应用。

7.1节简要介绍了点对点通信的基本原理，前边简要介绍了ZigBee的节点类型后重点介绍了点对点通信的基本方式、地址分配、数据传输等，并通过一个完整的实验例子来演示了点对点通信的基本效果。

7.2节基于点对点通信和串口通信这两个技术要点实现了无线串口的功能，无线串口功能在实际的项目中应用广泛，在嵌入式与无线联网行业中有广阔的应用前景。

7.3节在总结前面两个小节的基础上开始考虑星型网络，介绍了星型网络的基本组网原理，尤其是关键的地址构成问题，并在最后给出了具体实例中的具体地址构成。最后，由读者自行根据本书提供的全部源代码来实现星型网络。

练习1：请同学们自行仿照本章给出的过程实现本章的两个已知实验，并且将整个开发过程写成一份详细的过程性总结文档。

练习2：使用7.3节介绍的星型网络理论和地址分配，根据教材提供的源代码部分实现星型网络实验。修改继电器部分代码，使其能够接收主节点发来的命令并响应，具体如下：主节点发"OPEN"字符串，继电器开启；主节点发"CLOSE"字符串，继电器关闭。

# 第8章

# 自组网

自组网是 ZigBee 协议需要实现的目标 Mesh 网络。Mesh 的本意是网格，因此 Mesh 网络就有网格网络的含义，它是一个可以实现"多跳"的网络。这里多跳的含义是这样一种场景：从 A 点到 B 点距离过远，中间需要经过很多节点的信号转发，每经历一次信号转发就是一跳。TI 公司提供 CC253x 系列处理器的时候，就提供了一整套协议栈源代码 Z-STACK 协议栈，这套协议栈完全实现了 ZigBee 协议 IEEE802.15.4 标准中的一些规定，是个人局域网中的一个良好的协议软件，并且有完整的对应硬件支持。在 TI 公司的官方网站上有器件的器件手册、编程指导、使用案例、应用笔记等一系列可以参考的文档，并且提供各种开发工具的下载，以及协议栈软件的下载。读者搜索的时候搜索 CC2530/CC2531 处理器，在对应的页面就有这些下载选择。

图 8-1 是在 TI 官方网站上输入了 CC2531 关键字之后显示的页面，然后选一个评估模块一般情况下就会有需要的下载资料支持了，选中 CC2531EMK CC2531 USB 评估模块套件，显示如图 8-2 所示。

图 8-1　CC2531 搜索界面

图 8-2　显示 CC2531 USB 评估套件页面

在该页面中向下搜索，会发现如图 8-3 所示的项目。

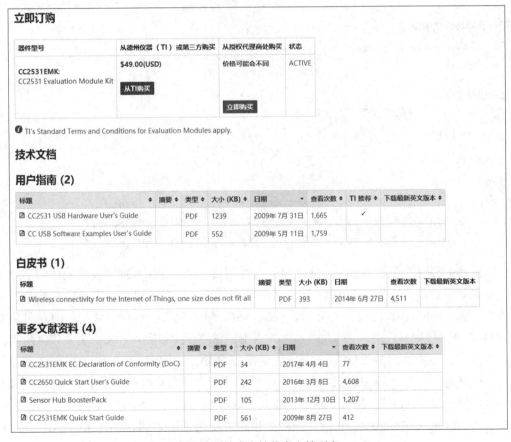

图 8-3　技术支持信息文档列表

在图中可以看到，支持 CC2531EMK CC2531 USB 评估模块套件用于用户开发的内容有：订购该模块硬件、用户指南、白皮书、更多文献资料，当然如果用户需要做 ZigBee 方面的设计这里也是有支持的，继续向下拖动列表，我们会看到文档如图 8-4 所示。

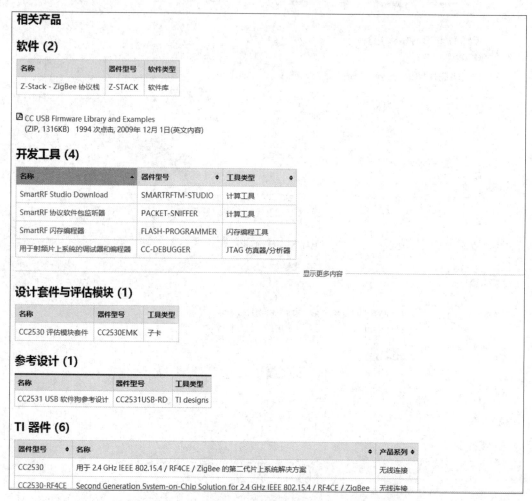

图 8-4　Z-STACK 协议栈下载列表与其他技术支持列表

在图 8-4 的相关产品、软件部分我们可以看到 Z-STACK ZigBee 协议栈软件的下载列表，这就是目前最高版本的 ZigBee 软件代码下载列表。用户注册之后就可以直接免费下载该源代码，Z-STACK 协议栈是开源协议栈，用户可以免费下载免费使用。但是目前的 Z-STACK 协议栈版本较高，为 3.0 版本，如果用户需要使用该版本开发则需要较高版本的编译器，一般需要使用 IAR9.0 以上版本，建议使用 IAR FOR 8051 10.0 及以上版本进行开发。这是由于 Z-STACK 3.0 版本源代码中的例子工程包需要高版本的 IAR 8051 集成开发环境才能全部导出工程列表，9.0 版本在某些计算机上仍有无法导出工程文件的文档列表中，请读者使用的时候特别注意。当然如果读者使用低版本的软件，比如 IAR7.6 及以上版本（但是低于 IAR9.0 版本），则使用 Z-STACK 协议栈的 1.4 版本成为可能，对于读者来说本质上 1.4 版本代码包与 3.0 版本差别不大，下载 1.4 版本的代码包资源很多，读者百度搜索即可。但是对于开发者而言，如果是工作需要，建议采用 3.0 版本代码包。这里由于 IAR 高版本版权的问题，本书无法使用 3.0 版本的代码包，转而使用 1.4 版本的代码包，本书对应的 IAR 版本为 7.6。需要提醒读者的是，因为 CC2531 的内核是 8051，因此在安装 IAR 集成开发环境的时候注意一定是选择 For 8051 选项。在 8.1 节中将介绍 1.4 版本 Z-STACK 协议软件包的大致文档目录结构和 Z-STACK 协议栈的基本工作原理。考虑到读者大部分为专科生，因此可以忽略这部分，而直接使用 8.2 节开始的实际操作部分。

## 8.1　Z-STACK 协议栈简介

在下载的两种协议包中，都有相似的目录结构与文件。1.4 版本的 Z-STACK 协议栈目录如图 8-5 所示。

| | | | |
|---|---|---|---|
| Components | 2017/8/25 17:43 | 文件夹 | |
| Documents | 2017/8/25 17:43 | 文件夹 | |
| Projects | 2017/8/25 17:43 | 文件夹 | |
| Tools | 2017/8/25 17:43 | 文件夹 | |
| Getting Started Guide CC2430 | 2007/5/17 10:53 | PDF 文件 | 37 KB |
| icon | 2007/3/9 15:56 | 图标 | 4 KB |
| SampleApp | 2012/1/5 16:54 | c_file | 14 KB |

图 8-5　Z-STACK 协议栈的 1.4 版本

3.0 版本的 Z-STACK 协议栈目录如图 8-6 所示。

| | | | |
|---|---|---|---|
| Accessories | 2017/8/25 10:18 | 文件夹 | |
| Components | 2017/8/25 10:18 | 文件夹 | |
| Documents | 2017/8/25 10:18 | 文件夹 | |
| Projects | 2017/8/25 10:18 | 文件夹 | |
| Tools | 2017/8/25 10:18 | 文件夹 | |
| EULA | 2017/5/1 3:27 | PDF 文件 | 163 KB |
| Getting Started Guide - CC2530 | 2017/1/11 13:53 | PDF 文件 | 154 KB |
| Getting Started Guide - CC2538 | 2017/1/11 13:53 | PDF 文件 | 154 KB |
| Z-Stack 3.0 Release Notes | 2017/7/11 12:33 | 文本文档 | 9 KB |
| Z-Stack 3.0 Software Development Kit Resource Guide | 2017/7/10 16:59 | 360 se HTML Do... | 43 KB |
| Z-Stack Core Release Notes | 2017/7/10 16:59 | 文本文档 | 2 KB |
| Z-Stack_3.0.1_Manifest | 2017/7/10 16:59 | 360 se HTML Do... | 65 KB |

图 8-6　Z-STACK 协议栈的 3.0 版本

可见 3.0 版本的协议增加了对 CC2538 的支持，而 1.4 版本的只支持 CC2530。经过实际测试，1.4 版本的协议支持 CC2531，因此我们使用 1.4 版本的协议软件包。

在 Projects\zstack\Samples 目录下有我们需要的代码案例，官方称为 Demo。当然，3.0 目录下面有更多的例子，但是 3.0 版本在 Projects\zstack\HomeAutomation 目录下面才有这种代码案例。我们学习 Z-STACK 协议栈的使用就是从这些 Demo 开始的。1.4 版本代码包下面的全部例子在 Projects\zstack\Samples 目录与 Projects\zstack\HomeAutomation 目录下面，如图 8-7 所示。

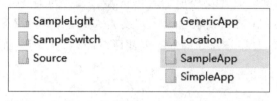

图 8-7　Z-STACK 协议栈的 1.4 版本下的全部例子包

Z-STACK 协议栈的 3.0 版本在 Projects\zstack\HomeAutomation 目录下的全部例子如图 8-8 所示。

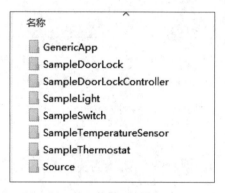

图 8-8　Z-STACK 协议栈的 3.0 版本下的全部例子包

显然，Z-STACK 协议代码的 3.0 版本有更丰富的例子供使用者选择，所以如果条件允许应尽可能使用高版本的协议软件包。下面以 1.4 版本协议软件为例来说明，无论使用哪个版本的软件源代码，文档是最重要的参考资料。事实上，如果读者具有良好的英语水平，完全可以自行实验，只需要读懂 Documents\ 目录下面的全部文档即可，全部如图 8-9 所示。

这些文档中入门的文档是 Z-Stack Sample Applications，常用的使用文档有 Z-Stack Developer's Guide、Z-Stack ZCL API、Z-Stack HAL Porting Guide 等。其中标示为 API 的文档就是软件编程的函数介绍，以免用户自行编写程序，大大简化了用户编程。HAL 表示硬件层的接口文档，这个文档中介绍了如何编写底层硬件驱动代码，这是给硬件驱动编写者的使用文档。而目前，读者最开始的使用文档只有两个：Z-Stack Sample Applications 和 Z-Stack Developer's Guide。其中 Z-Stack Sample Applications 文档就是告诉读者如何使用图 8-7 中介绍的 Projects\zstack\Samples 目录与 Projects\zstack\HomeAutomation 目录下面的全部例子代码部分。因此，读者如果希望自行研究，请最开始的时候就深入通读这两个文档，尤其是第一份需要重点阅读的文档：Z-Stack Sample Application，实际上这个文档已经回答了本章中关于使用部分的大部分问题。

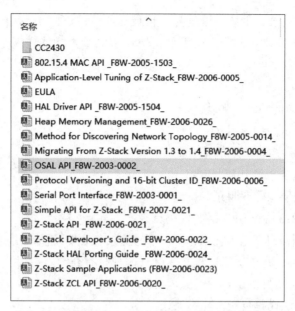

图 8-9　协议包中 Documents 目录下全部技术文档

（1）Z-STACK 协议栈文档目录。

Z-STACK 协议栈文档的基本目录如图 8-10 所示。

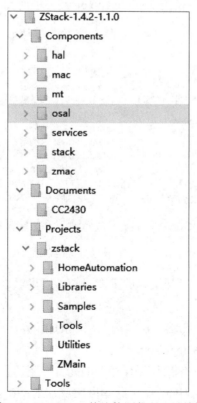

图 8-10　Z-STACK 协议栈源代码目录结构

在该源代码工程目录中主要有以下几个目录：
- Components 目录：表示协议组件，协议中的基本功能实现是由这些组件代码实现的。
- hal：硬件抽象层源代码目录。
- mac：媒体访问控制层源代码目录。
- mt：监控测试源代码目录。
- osal：操作系统抽象层访问目录。
- services：服务层源代码目录。
- stack：堆栈层源代码目录。
- zmac：ZigBee 协议 mac 层源代码目录。
- Documents 目录：整个协议栈源代码中的全部文档说明，这部分是用户需要深入研究的。
- Projects 目录：几个例子工程，后续代码部分有介绍。
- Tools 目录：工具目录。

（2）导入工程的源代码目录。

在上面的目录中单击 SampleApp.eww 文件，路径为 Projects\zstack\Samples\SampleApp\CC2430DB\SampleApp.eww，可以打开工程。

图 8-11 中的最后一行就是 SampleApp.eww 文件，当然读者可以使用 Projects 目录下的任何一个工程，这里只是使用 SampleApp.eww 工程而已。打开该工程之后界面如图 8-12 所示。

图 8-11　打开工程文档目录

该目录就是使用源代码进行开发时的主要目录，这里对这几个目录的主要作用简要说明如下：
- APP：应用层，用户在这一层里编写自己的代码，可以在这个例子代码的基础上修改，也就是修改 SampleApp.c 文件。
- HAL：硬件驱动层，包括与硬件相关的配置、驱动和操作函数。
- MAC：介质访问控制协议是传感器网络底层的基础结构，它决定了无线信道的使用方式。

- MT：监控与测试层。监控循环事件，监控测试中除了串口驱动外的所有事件、一键测试功能与测试报告机制等内容。
- NWK：网络层，节点地址类型的分配、协议栈模板、网络拓扑结构、网络地址分配的选择、包含用户自定义参数。

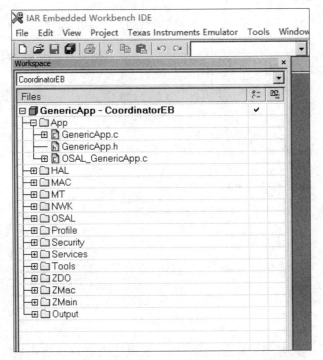

图 8-12　打开工程在 IAR 软件中显示的目录

- OSAL：协议栈的操作系统。
- Profile：AF 层，主要为应用程序框架、设备描述的辅助功能。
- Security：安全层，安全服务提供的接口 SSP。
- Services：服务层，ZigBee 和 802.15.4 的设备地址利用机制。
- Tools：工程配置目录，包括空间划分和 Z-STACK 相关配置信息。
- ZDO：ZDO 设备对象层，包括网络建立、发现网络、加入网络、应用端点的绑定和安全管理服务。
- ZMac：MAC 层，包括 MAC 层参数及 MAC 层的 LLB 库函数、回调处理函数。
- ZMain：主函数目录，包括入口函数及硬件配置文件。
- Output：输出文件目录，由 IAR 自动生成。

注：上述说明部分参考了 CSDN 上 Geek_LFP 的博客。

读者可以自行编译该代码，一般不会有错误。如果读者编译该代码的时候出现错误只有两种可能。第一种可能就是 IAR 版本较低，编译可能出问题。如果是 1.4 版本（可能是 1.4.0 或 1.4.2 等版本），那么需要升级到不低于 IAR 7.6 版本，一般 IAR 8 版本可以解决该问题。第二种可能是源代码不正确，如果用户是在 TI 官方网站下载的源代码没有这个问题；如果用户在百度搜索找到某个链接下载的是别人提供的源代码才可能存在这个问题。那么首先排除版本问题，其次就是再选其他链接下载。请读者注意，依据我们的经验：正确导入工程之后，首次编译失败问题一般出现在 IAR 的版本过低时（实际上如果读者细心，在源代码工程导入的时候就会有提示了），源代码不会有问题。

下面截取了单击"编译"按钮之后的输出窗口，演示的编译结果如图 8-13 所示。

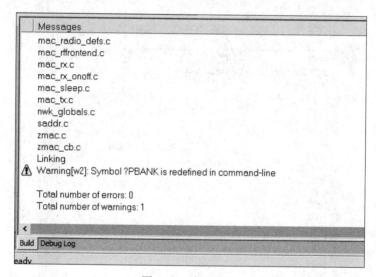

图 8-13　编译结果

这里编译成功，只有一个警告，这是由于这里使用的 IAR 版本相对 Z-STACK 协议栈代码工程较高，因此在编译的时候连接配置文件中这一行会找不到目标。这个警告中对应的连接配置文件为 f8w2530.xcl，其中有一行是：-D?PBANK=93；读者只需要注释掉该行警告就可以去除，其修改目录在 Tools\f8w2530.xcl，修改位置如图 8-14 所示。

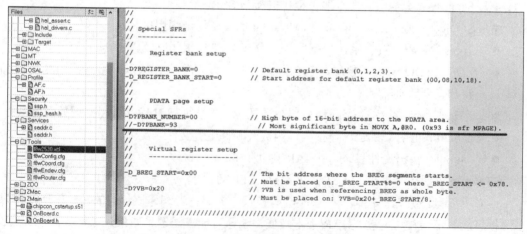

图 8-14　初次编译警告的处置方法

当然，我们一般并未屏蔽该警告，因为注释中说，"Most significant byte in MOVX A,@R0. (0x93 is sfr MPAGE)"，其含义大致是 0x93 地址是 MPAGE 的特殊寄存器地址，并且在这个汇编语句中有很重要的字节，所以作者处置该代码的方式一般并不理会该警告，这是由于整个协议栈代码较为复杂，不知道是否有关联影响，只要不影响整个程序代码的使用应尽量不予修改，否则一旦因为某种原因出现未知问题则可能找不到故障点。至此，基本代码的引入到编译过程已经全部完成。

（3）应用功能实现。

对代码部分的修改主要是修改代码目录中 app 目录下面的文件以实现应用功能。其主要文件有三个：GenericApp.h、GenericApp.c、OSAL_GenericApp.c。

- GenericApp.h：主要包含了 GenericApp.c 文件中的应用代码的定义部分。
- GenericApp.c：主要的应用代码部分。
- OSAL_GenericApp.c：包含了用户应该设置和修改的设置部分和所有功能，该文件是与操作系统的接口文件。

这三个文件是初期打交道较多而且相对比较重要的文件。另外一个重要的文件部分是配置文件，配置文件在 Tools 目录下面，可以将配置文件理解为编译开关，在 Workspace 下面有个下拉列表框，如图 8-15 所示。

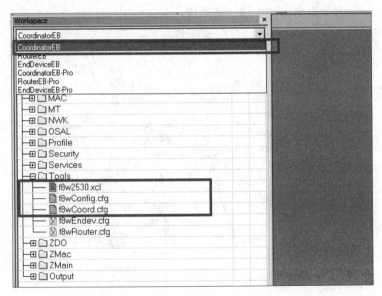

图 8-15 协调器配置文件示意图

在本例中 Tools 下面的五个配置文件都是对应配置的，例如，图 8-15 中的 f8w2530.xcl 文件、f8wConfig.cfg 文件、f8wCoord.cfg 文件对应配置了协调器节点 CoordinatorEB。如果选择路由器节点，则相应的配置文件需要进行变化，如图 8-16 所示。

显然，用户在下拉列表框中选中 RouterEB 类型，则对应的 Tools 目录下面的配置文件已经发生了变化，其含义就是不同的配置文件编译出不同的可执行代码。以这种方式来区分编译的是协调器节点、路由器节点、终端节点等节点类型。

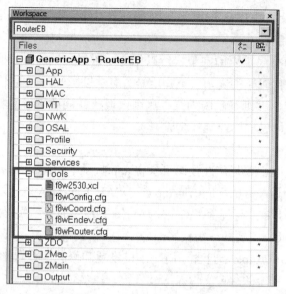

图 8-16　路由器配置文件

（4）基本概念简介。

在 ZigBee 网络中有三种基本设备：协调器、路由器和终端。一般一个 ZigBee 网络由一个协调器设备、多个路由器和终端设备构成，Z-STACK 协议栈开发指导中给出的一个例子如图 8-17 所示。

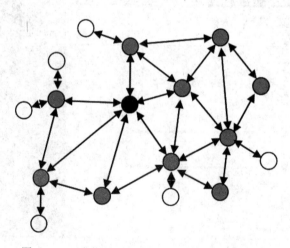

图 8-17　开发指导手册中的一个 ZigBee 网络例子

图中黑色节点表示协调器节点，灰色节点表示路由器节点，白色节点表示终端节点。可以通过 Z-STACK 协议栈代码在实际当中实现上面的 ZigBee 网络。下面简要说明三种节点的功能。

- 协调器：协调器的功能通常是组网与收集。协调器节点在开始的时候启动组网功能，它是网络中的第一个设备。协调器节点扫描已存在于网络中的无线环境，选择合适的通道和网络标识符 PANID，并开始启动组网过程，当组网完成后，协调器节点蜕化为一个普通的路由器节点。一般而言，协调器节点连接在收集设备上，例如计算机。通过协调器收集整个网络采集到前端网络的物理空间数据。
- 路由器：路由器节点的一个非常重要的功能就是实现"跳"的功能，实际上就是路由转发功能，它在网络中大大延伸了网络的距离。一般而言路由器节点要求长期开机，以保证路由的畅通。但是这样也带来了一个致命的缺点：电池能源问题（注意到 ZigBee 网络中的节点一般使用电池供电），但是长期开机对路由支持是实现实时多跳的基本前提。
- 终端节点：终端节点跟计算机网络中的终端节点性质基本一致，负责执行功能、采集数据等。终端节点当长期不用时可以设置为节能，因此非常适合使用电池供电。

注意，这三种节点除了实现本节点功能之外，还能采集数据或是执行某种功能。这就是说，协调器节点和路由器节点都可以当成终端节点使用。

ZigBee 设备有两种类型的地址。一种是 64 位的 IEEE 地址，也可以称为 MAC 地址或扩展地址。其中 64 位地址是全球地址，地址来源是 IEEE 组织，通常被节点制造商永远分配给该被使用的节点。读者可以登录 IEEE 的全球网站去了解更多关于 ZigBee 设备的地址分配问题。第二种是 16 位的网络地址，也可以称为逻辑地址和短地址。16 位的网络地址被用于一个局部的 ZigBee 网络中，这个地址用于该网络中标识是哪个设备，这个地址在该网络中唯一，主要用于该网络中的设备传递数据。当然，Z-STACK 协议代码中有很多内容，这里因篇幅问题就不一一介绍了。读者安装了 Z-STACK 源代码包之后，在其安装目录下有很多文档，其具体的文档目录为 ...\ZStack-CC2530-2.3.0-1.4.0\Documents。在 Document 目录下面就是所有的用户所需文档，如图 8-18 所示。

| 名称 | 修改日期 | 类型 |
|---|---|---|
| CC2530 | 2014/5/5 15:43 | 文件夹 |
| 802.15.4 MAC API | 2009/12/29 13:02 | PDF 文件 |
| Application-Level Tuning of Z-Stack | 2009/4/2 19:28 | PDF 文件 |
| EULA | 2008/10/1 16:26 | PDF 文件 |
| HAL Driver API | 2009/4/6 8:47 | PDF 文件 |
| Heap Memory Management | 2009/4/2 19:58 | PDF 文件 |
| Method for Discovering Network Topology | 2009/4/3 20:33 | PDF 文件 |
| OSAL API | 2009/11/9 16:21 | PDF 文件 |
| Smart Energy Sample Application User's Guide | 2009/12/23 13:06 | PDF 文件 |
| Upgrading To Z-Stack v2.0.0 | 2008/3/3 7:50 | PDF 文件 |
| Upgrading To Z-Stack v2.1.0 | 2008/6/30 13:46 | PDF 文件 |
| Upgrading To Z-Stack v2.2.0 | 2009/9/24 6:28 | PDF 文件 |
| Upgrading To Z-Stack v2.3 | 2010/1/17 9:46 | PDF 文件 |
| Z-Stack API | 2009/4/2 13:38 | PDF 文件 |
| Z-Stack Compile Options | 2009/4/2 13:46 | PDF 文件 |
| Z-Stack Developer's Guide | 2010/1/15 21:38 | PDF 文件 |
| Z-Stack HAL Porting Guide | 2009/4/2 19:46 | PDF 文件 |
| Z-Stack Monitor and Test API | 2010/1/17 16:37 | PDF 文件 |
| Z-Stack Sample Applications | 2009/4/2 12:53 | PDF 文件 |
| Z-Stack Simple API | 2009/4/3 7:40 | PDF 文件 |
| Z-Stack Smart Energy Developer's Guide | 2009/4/2 16:42 | PDF 文件 |
| Z-Stack ZCL API | 2009/12/17 15:40 | PDF 文件 |

图 8-18　Z-STACK 软件包下的全部文档目录

再次强调，读者如果具备 C 语言基础，而且能基本读懂上述文档，则无需任何帮助就可以完整实现 ZigBee 协议的任何实验。硬件部分只需要在 TI 公司中国代理处订购即可。这种看文档进行开发的方法也是目前大多数嵌入式系统开发过程中的必要方法，尤其是在目前物联网行业中前端无线传感器网络前景不明显的时候，读者在实际工作中使用的网络很有可能是 LoRa 协议，因此读者一定要尽快掌握这种看文档进行开发的方法。

注：英语能力是大多数专科层次学生的障碍，请读者不要放弃对英语的学习，并且在整个信息技术领域当中就业英语是一个非常重要的工具。另外，学习英语没有捷径，坚持每天看一点材料，一两年之后看懂图 8-18 中所示的英文技术文档一般没有太大问题。并且目前的翻译软件很多，读者需要更多地"强迫"自己去配合翻译工具多看文档，并且是多看几遍相同的部分。

注意，这里使用的 ZigBee 设备处理器采用了 CC2531，运行在 2.4GHz 频段，在 ZigBee 协议中该频段有 16 个独立的通道。在 Tools 目录下的 f8wConfig.cfg 文件里面有如下一段配置代码：

```
/* Default channel is Channel 11 - 0x0B */
// Channels are defined in the following:
//         0        : 868 MHz        0x00000001
//         1 - 10 : 915 MHz        0x000007FE
//         11 - 26 : 2.4 GHz        0x07FFF800
//
//-DMAX_CHANNELS_868MHz        0x00000001
//-DMAX_CHANNELS_915MHz        0x000007FE
//-DMAX_CHANNELS_24GHz         0x07FFF800
//-DDEFAULT_CHANLIST=0x04000000  // 26 - 0x1A
//-DDEFAULT_CHANLIST=0x02000000  // 25 - 0x19
//-DDEFAULT_CHANLIST=0x01000000  // 24 - 0x18
//-DDEFAULT_CHANLIST=0x00800000  // 23 - 0x17
//-DDEFAULT_CHANLIST=0x00400000  // 22 - 0x16
//-DDEFAULT_CHANLIST=0x00200000  // 21 - 0x15
//-DDEFAULT_CHANLIST=0x00100000  // 20 - 0x14
//-DDEFAULT_CHANLIST=0x00080000  // 19 - 0x13
//-DDEFAULT_CHANLIST=0x00040000  // 18 - 0x12
//-DDEFAULT_CHANLIST=0x00020000  // 17 - 0x11
//-DDEFAULT_CHANLIST=0x00010000  // 16 - 0x10
//-DDEFAULT_CHANLIST=0x00008000  // 15 - 0x0F
//-DDEFAULT_CHANLIST=0x00004000  // 14 - 0x0E
//-DDEFAULT_CHANLIST=0x00002000  // 13 - 0x0D
//-DDEFAULT_CHANLIST=0x00001000  // 12 - 0x0C
-DDEFAULT_CHANLIST=0x00000800   // 11 - 0x0B
```

通道的定义在这一段代码中就可以猜到，868MHz 是通道 0，通道 1～10 为 915MHz，通道 11～16 就是 2.4GHz。这里通道 11～16 就是 16 个独立通道。由上面的代码可见，当前配置为通道 11（注意最后一行没有被注释）。

PANID 参数主要用于表示网络标号，功能是区分不同的 ZigBee 网络。PANID 的配置代码部分如下：

```
/* Define the default PAN ID.
*
* Setting this to a value other than 0xFFFF causes
* ZDO_COORD to use this value as its PAN ID and
* Routers and end devices to join PAN with this ID
*/
-DZDAPP_CONFIG_PAN_ID=0xFFFF
```

上述注释部分很清楚地解释了 PANID：协调器使用这个 PANID，路由器和终端节点用这个 ID 加入 PAN。

注：外国人比较幽默，PAN 是平底锅，平底的这种东西的意思。图 8-17 可以理解为一个平底的网络，也就是他们理解的 PAN，那么加入网络自然就是加入 PAN 了。

## 8.2 自组网初步

使用 Z-STACK 协议栈代码其实相对比较简单，用户只需要修改例子代码中的部分代码就可以使用了。用户需要修改的部分如图 8-19 所示。

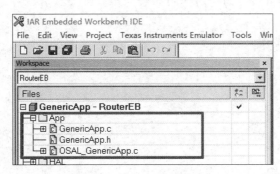

图 8-19 用户需要修改的部分

一般情况下，用户在代码目录中的 App 目录下面增加自己的代码。这里至少需要用户添加三个文件：

- 固定文件：OSAL_SampleApp.c。
- 非固定文件：SampleApp.c。
- 非固定文件：SampleApp.h。

这里固定文件的意思是指这个 OSAL 开头的文件内部有些部分是固定的写法，用户只需要修改这里面的部分代码即可。而非固定文件的写法大部分内容也是相对固定的，所谓非固定的意思是自己的应用代码还是应该自己来写。Z-STACK 协议栈并不知道用户需要什么样的应用，用户不可能使用 Demo 完成他自己的任务。因此这里使用一个非固定文件的说法。总结一下，用户在写自己的代码之前需要完成的工作是：在 Demo 代码的 App 目录下修改三个文件的内容，以 OSAL 开头的文件主要是与操作系统打交道，修改较少；

SampleApp.c 和 SampleApp.h 文件是应用代码部分，尤其是 SampleApp.c 文件需要用户花费较多的时间去实现的代码部分，也是修改最多的部分。

在 Z-STACK 协议栈中使用了一个操作系统，该操作系统通过一个任务数组和数组中每个任务的优先级进行任务处理。用户需要编写的上述代码部分的三个文件就是对操作系统需要处理的任务进行描述。下面的任务处理函数格式是一个大致的通用格式，这里给出来主要是为了方便读者自行编写代码的时候有一个参考格式。

```
UINT16 GenericApp_ProcessEvent( byte task_id, UINT16 events )
{
    // 局部变量定义
    (void)task_id;      // Intentionally unreferenced paramete，故意未引用的变量
                        // 这句话的作用是防止编译报警告，可以不用，一般默认保留

    if(events & 事件 1)
    {
        // 处理事件 1
        return    (events & 事件 1);
    }
    if(events & 事件 2)
    {
        // 处理事件 2
        return    (events & 事件 2);
    }

    ...

    if(events & 事件 n)
    {
        // 处理事件 n
        return    (events & 事件 n);
    }
    return 0;
}
```

例如，在新大陆教育科技有限公司提供的实训代码中实现的一个功能就是向串口发送一串符号"HELLO ZIGBEE!"，并且 LED 灯的状态取反。其代码实现如下：

```
UINT16 GenericApp_ProcessEvent( byte task_id, UINT16 events )
{
  afIncomingMSGPacket_t *MSGpkt;
  (void)task_id;     // 防止编译器报错
  if ( events & SYS_EVENT_MSG )
  {
    MSGpkt = (afIncomingMSGPacket_t *)osal_msg_receive( GenericApp_TaskID );
    while ( MSGpkt )
    {
```

```c
switch ( MSGpkt->hdr.event )
{
  /* ZDO 信息输入事件 */
  case ZDO_CB_MSG:
    // 调用 ZDO 信息输入事件处理函数
    GenericApp_ProcessZDOMsgs( (zdoIncomingMsg_t *)MSGpkt );
    break;
  /* 按键事件 */
  case KEY_CHANGE:
    GenericApp_HandleKeys( ((keyChange_t *)MSGpkt)->state, ((keyChange_t *)MSGpkt)->keys );
    break;
  /* AF 输入信息事件 */
  case AF_INCOMING_MSG_CMD:
    GenericApp_MessageMSGCB( MSGpkt );    // 调用输入信息事件处理函数
    break;
  /* ZDO 状态改变事件 */
  case ZDO_STATE_CHANGE:
    GenericApp_NwkState = (devStates_t)(MSGpkt->hdr.status);   // 读取设备状态
    /* 若设备是协调器或路由器或终端 */
    if ( (GenericApp_NwkState == DEV_ZB_COORD)
       || (GenericApp_NwkState == DEV_ROUTER)
       || (GenericApp_NwkState == DEV_END_DEVICE) )
    {
      /* 触发发送 "Hello World!" 信息的事件 GENERICAPP_SEND_MSG_EVT */
      osal_start_timerEx( GenericApp_TaskID, GENERICAPP_SEND_MSG_EVT,100 );
      HalUARTWrite(HAL_UART_PORT_0," \r\n",4);
    }; break;
    default:break;
  }
  osal_msg_deallocate( (uint8 *)MSGpkt );  // 释放存储器
  // 获取下一个系统消息事件
  MSGpkt = (afIncomingMSGPacket_t *)osal_msg_receive( GenericApp_TaskID );
}
return (events ^ SYS_EVENT_MSG);  // 返回未处理的事件
}
/* 发送 "Hello World!" 信息的事件 GENERICAPP_SEND_MSG_EVT */
/* 该事件在前面的 "case ZDO_STATE_CHANGE:" 代码部分可能被触发 */
if( events & GENERICAPP_SEND_MSG_EVT )
{
  // 发送串口信息事件
  HAL_TOGGLE_LED4();  // 绿灯取反
  // 发送数据到串口
  HalUARTWrite(HAL_UART_PORT_0,"HELLO ZIGBEE!\r\n",15);
  /* 再次触发发送 "Hello World!" 信息的事件 GENERICAPP_SEND_MSG_EVT */
  osal_start_timerEx( GenericApp_TaskID,
            GENERICAPP_SEND_MSG_EVT,
```

```
                    GENERICAPP_SEND_MSG_TIMEOUT );
      return (events ^ GENERICAPP_SEND_MSG_EVT); // 返回未处理的事件
  }
  /* 丢弃未知事件 */
  return 0;
}
```

从上面的例子可见，有两个主要的事件处理函数：第一个是系统的事件，第二个是用户的事件。系统的事件处置采用了如下判断表达式：

events & SYS_EVENT_MSG

如果该表达式结果为真表示有系统事件发生，则进行系统事件的识别与处置，如下：

```
      switch ( MSGpkt->hdr.event )
      {
        /* ZDO 信息输入事件 */
        case ZDO_CB_MSG:
          // 调用 ZDO 信息输入事件处理函数
          GenericApp_ProcessZDOMsgs( (zdoIncomingMsg_t *)MSGpkt );
          break;
        /* 按键事件 */
        case KEY_CHANGE:
          GenericApp_HandleKeys( ((keyChange_t *)MSGpkt)->state, ((keyChange_t *)MSGpkt)->keys );
          break;
        /* AF 输入信息事件 */
        case AF_INCOMING_MSG_CMD:
          GenericApp_MessageMSGCB( MSGpkt );  // 调用输入信息事件处理函数
          break;
        /* ZDO 状态改变事件 */
        case ZDO_STATE_CHANGE:
          GenericApp_NwkState = (devStates_t)(MSGpkt->hdr.status);// 读取设备状态
          /* 若设备是协调器或路由器或终端 */
          if ( (GenericApp_NwkState == DEV_ZB_COORD)
              || (GenericApp_NwkState == DEV_ROUTER)
              || (GenericApp_NwkState == DEV_END_DEVICE) )
          {
            /* 触发发送 "Hello World!" 信息的事件 GENERICAPP_SEND_MSG_EVT */
            osal_start_timerEx( GenericApp_TaskID, GENERICAPP_SEND_MSG_EVT,100 );
            HalUARTWrite(HAL_UART_PORT_0," \r\n",4);
          };  break;
        default:break;
      }
```

识别系统事件之后，就有几种情况的处置：ZDO（ZigBee 设备对象）事件处置、按键事件的处置、AF（应用程序框架）输入信息事件的处置、ZDO 状态改变事件的处置等。另外，用户也想实现前面介绍的发送数据到串口并用反转的 LED 状态来指示，于是后续一个事件（用户功能事件）的识别与处理部分如下：

```
  /* 发送 "Hello World" 信息的事件 GENERICAPP_SEND_MSG_EVT */
```

```
/* 该事件在前面的 "case ZDO_STATE_CHANGE:" 代码部分可能被触发 */
if ( events & GENERICAPP_SEND_MSG_EVT )
{
    // 发送串口信息事件
    HAL_TOGGLE_LED4(); // 绿灯取反
    // 发送数据到串口
    HalUARTWrite(HAL_UART_PORT_0,"HELLO ZIGBEE!\r\n",15);
    /* 再次触发发送 "Hello World!" 信息的事件 GENERICAPP_SEND_MSG_EVT */
    osal_start_timerEx( GenericApp_TaskID,
                GENERICAPP_SEND_MSG_EVT,
                GENERICAPP_SEND_MSG_TIMEOUT );
    return (events ^ GENERICAPP_SEND_MSG_EVT); // 返回未处理的事件
}
```

上述内容是在 GenericApp.c 代码中完成的,任务 ID 定义与任务事件定义也在该文件中,如下:

```
/*
    本应用的任务 ID 变量。当 SampleApp_Init() 函数被调用时,该变量可以获得任务 ID 值。
*/
byte GenericApp_TaskID;

#if defined (ADDTASK)
byte AddTask_ID;        // 任务 ID
#define  AddTask_ev1    0x0001    // 事件 1
#define  AddTask_ev2    0x0002    // 事件 2
#endif
```

在 GenericApp.c 代码中定义与编写应用后,应当由操作系统分配任务 ID,则继续在该代码中添加增加分配任务 ID 的代码,如下:

```
void AddTask_Init( byte task_id )
{
    AddTask_ID = task_id; // 必需
    /** 可增加其他 **/
    osal_set_event( AddTask_ID, AddTask_ev1 );    // 设置任务的事件标志 1
    osal_set_event( AddTask_ID, AddTask_ev2 );    // 设置任务的事件标志 2
}
```

然后继续在 GenericApp.c 代码中使用一个任务处理函数处理分配了任务 ID 的任务,如下:

```
UINT16 AddTask_Event( byte task_id, UINT16 events )
{

    (void)task_id; // 防止编译器报错

    if ( events & AddTask_ev1 )      // 事件 1
    {
        HalLedSet ( HAL_LED_1, HAL_LED_MODE_TOGGLE );    // 取反 LED1
        // 调用系统延时,1 秒后再设置任务的事件标志 1
```

```
      osal_start_timerEx(task_id, AddTask_ev1,1000);
      return (events ^ AddTask_ev1);   // 清任务标志
   }
   if ( events & AddTask_ev2 )         // 事件 1
   {
      HalLedSet ( HAL_LED_2, HAL_LED_MODE_TOGGLE );   // 取反 LED2
      // 调用系统延时，2 秒后再设置任务的事件标志 2
      osal_start_timerEx(task_id, AddTask_ev2,2000);
      return (events ^ AddTask_ev2);   // 清任务标志
   }
   /* 丢弃未知事件 */
   return 0;
}
```

并且，在 OSAL_GenericApp.c 文件中需要对这些任务进行初始化，其代码部分如下：

```
void osalInitTasks( void )
{
  uint8 taskID = 0;

  tasksEvents = (uint16 *)osal_mem_alloc( sizeof( uint16 ) * tasksCnt);
  osal_memset( tasksEvents, 0, (sizeof( uint16 ) * tasksCnt));

  macTaskInit( taskID++ );
  nwk_init( taskID++ );
  Hal_Init( taskID++ );
#if defined( MT_TASK )
  MT_TaskInit( taskID++ );
#endif
  APS_Init( taskID++ );
#if defined ( ZIGBEE_FRAGMENTATION )
  APSF_Init( taskID++ );
#endif
  ZDApp_Init( taskID++ );
#if defined ( ZIGBEE_FREQ_AGILITY ) || defined ( ZIGBEE_PANID_CONFLICT )
  ZDNwkMgr_Init( taskID++ );
#endif
#ifndef ADDTASK
  GenericApp_Init( taskID );
#else
  GenericApp_Init( taskID++ );
  AddTask_Init(taskID);
#endif
}
```

在上述代码的倒数第二行：AddTask_Init(taskID); 就实现了任务的初始化。然后打开教材的代码部分：在 Z_stack 基础目录下面找到 TaskApp.eww 工程文档打开，编译并下载测试运行效果。注意，该实验的主要目标是测试操作系统中任务的使用方法，以便于后续实现自组网,因此只要有一个节点连上串口到计算机,并在计算机上打开一个串口终端软件即可。

## 8.3 基于 Z-STACK 例子的简单点对点通信

在上一节中,简单介绍了新大陆教育科技有限公司单节点的简要例子,在本节中我们来完整地实现一个点对点通信的例子。读者综合上一节和本节的方案应当能够自行实现无线串口功能。因此,无线串口的实现例子将作为本章的一个作业来完成。这一节依据作者在自己的计算机上的操作步骤,读者请自行调整自己在计算机上的操作。

第一步:解压源代码。将从网上下载的源代码解压到某个盘的工作目录中,本例在 D 盘的目录 ZstackTest 下面,如图 8-20 所示。

图 8-20　设置源代码解压的工作目录

第二步:打开解压之后的工作目录,该目录直接定位到 Z-STACK 协议栈的例子目录:D:\ZstackTest\ZStack-CC2530-2.3.0-1.4.0\ZStack-CC2530-2.3.0-1.4.0\Projects\zstack\Samples\GenericApp\CC2530DB,如图 8-21 所示。

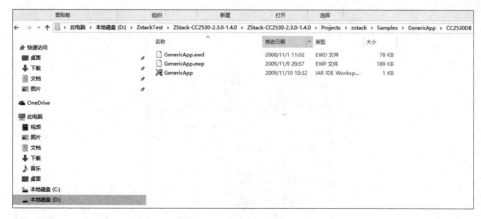

图 8-21　例子工程的目录

双击第三行的 GenericApp 工作空间文件，文件后缀是 IAR Workspace。打开工程之后有可能会弹出如图 8-22 所示的情况。

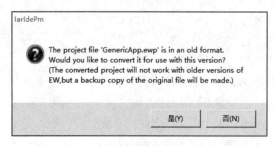

图 8-22　弹出"兼容版本转换"对话框

如果没有任何对话框而是直接打开了，说明 IAR 版本和 Z-STACK 代码版本是匹配的。最恶劣的情况是弹出对话框转换之后仍然看不到代码，这说明使用的 IAR 版本太低，需要使用高版本的 IAR 环境打开工程。单击"是"按钮之后，正常情况下会打开如图 8-23 所示的界面。

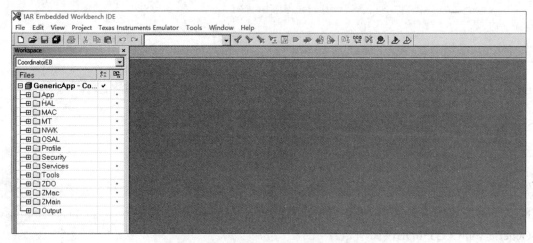

图 8-23　正常情况下的打开源代码例子

然后展开 App 目录，如图 8-24 所示。

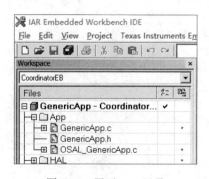

图 8-24　展开 App 目录

第三步：整理源代码。为了更好地编译不同的节点，最好的做法就是每种节点编码的 C 代码不同。为了达到这个目标，我们新建一个 C 代码把它作为终端节点的源代码。双击打开 GenericApp.c 源代码，复制全部代码。新建一个文档，将复制的 GenericApp.c 源代码粘贴进去并命名为 EndeviceEB.c（起什么文件名在这里不重要），如图 8-25 所示。

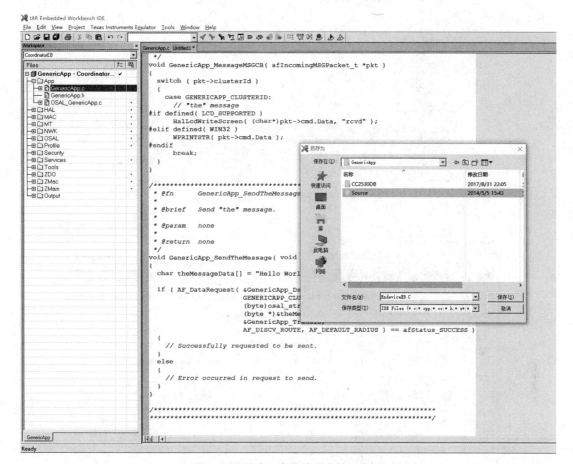

图 8-25　新建一个终端节点的 C 代码

注意，保存的时候应当向上一层保存到 Source 文件夹下（该文件夹下面是本工程的应用源代码），如图 8-26 所示。

在 App 目录上右击并选择 Add（添加）→ Add "EndeviceEB.c" 选项，如图 8-27 所示。

根据前面的介绍，我们需要知道这里添加的新 C 代码一定是添加到 App 这个目录下面，添加完成后如图 8-28 所示。

图 8-26　保存源代码到 Source 目录下

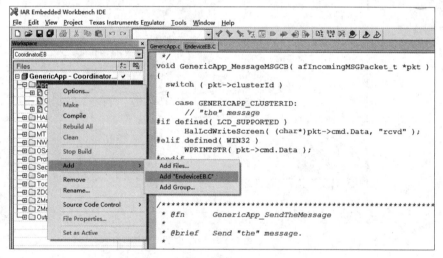

图 8-27　添加文件到工程

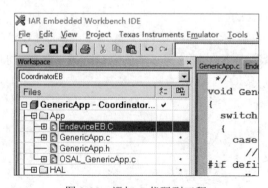

图 8-28　添加 C 代码到工程

第四步：配置源代码。这里在图 8-25 所示的 Workspace 下的下拉列表框中显示为 CoordinatorEB，表示这是一个协调器节点，那么编译的应该是协调器节点的源代码，因此需要屏蔽我们刚刚创建的终端节点源代码。在 EndeviceEB.c 上面右击并选择 Option 选项，在弹出对话框的 Exclude from build 前面打钩，如图 8-29 所示。

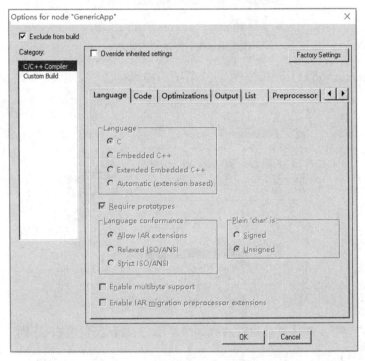

图 8-29　排除非当前节点的编译

然后单击 OK 按钮，这个终端节点的 C 代码文件就被屏蔽了，在协调器节点编译的时候就不会编译到它，如图 8-30 所示。

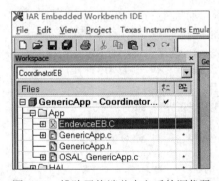

图 8-30　排除了终端节点之后的源代码

再使用同样的方法编辑终端节点的源代码部分，在 Workspce 下拉列表框选中 EnddeviceEB 选项，如图 8-31 所示。

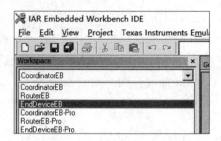

图 8-31 选中终端节点选项

然后在 GenericApp.c 上面重复图 8-29 所示的操作排除它，设置完成之后的结果如图 8-32 所示。

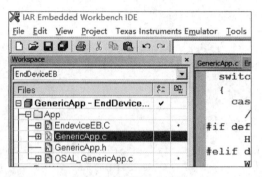

图 8-32 终端节点配置

至此，协调器节点和终端节点的源代码编译部分已经处理完成，下面就来进行源代码内容部分的处置。

第五步：修改源代码。在图 8-32 所示的基础上修改终端部分的源代码，双击 EndeviceEB.c 文件，在其中找到 UINT16 GenericApp_ProcessEvent( byte task_id, UINT16 events ) 函数，然后找到如下所示的代码部分：

```
    case ZDO_STATE_CHANGE:
      GenericApp_NwkState = (devStates_t)(MSGpkt->hdr.status);
      if ( (GenericApp_NwkState == DEV_ZB_COORD)
        || (GenericApp_NwkState == DEV_ROUTER)
        || (GenericApp_NwkState == DEV_END_DEVICE) )
      {
        // Start sending "the" message in a regular interval.
        osal_start_timerEx( GenericApp_TaskID,
                  GENERICAPP_SEND_MSG_EVT,
                  GENERICAPP_SEND_MSG_TIMEOUT );
      }
      break;
```

将其修改为：

```
    case ZDO_STATE_CHANGE:
      GenericApp_NwkState = (devStates_t)(MSGpkt->hdr.status);
      if ( (GenericApp_NwkState == DEV_ZB_COORD)
```

```
            || (GenericApp_NwkState == DEV_ROUTER)
            || (GenericApp_NwkState == DEV_END_DEVICE) )
        {
          GenericApp_SendTheMessage();
        }
        break;
```

然后向下找到我们加入的这一句发送数据的源代码函数（在代码的最后部分）：void GenericApp_SendTheMessage( void )，如下：

```
void GenericApp_SendTheMessage( void )
{
  char theMessageData[] = "Hello World";

  if ( AF_DataRequest( &GenericApp_DstAddr, &GenericApp_epDesc,
            GENERICAPP_CLUSTERID,
            (byte)osal_strlen( theMessageData ) + 1,
            (byte *)&theMessageData,
            &GenericApp_TransID,
            AF_DISCV_ROUTE, AF_DEFAULT_RADIUS ) == afStatus_SUCCESS )
  {
    // Successfully requested to be sent.
  }
  else
  {
    // Error occurred in request to send.
  }
}
```

然后将其修改为：

```
void GenericApp_SendTheMessage( void )
{
  char theMessageData[] = "LED";        //"Hello World";
  GenericApp_DstAddr.addrMode   = (afAddrMode_t)Addr16Bit;
  GenericApp_DstAddr.endPoint   = GENERICAPP_ENDPOINT;
  GenericApp_DstAddr.addr.shortAddr = 0;
  if ( AF_DataRequest( &GenericApp_DstAddr, &GenericApp_epDesc,
            GENERICAPP_CLUSTERID,
            (byte)osal_strlen( theMessageData ) + 1,
            (byte *)&theMessageData,
            &GenericApp_TransID,
            AF_DISCV_ROUTE, AF_DEFAULT_RADIUS ) == afStatus_SUCCESS )
  {
    // Successfully requested to be sent.
    HalLedBlink(HAL_LED_1,5,50,500);
  }
  else
  {
```

```
    // Error occurred in request to send.
    HalLedBlink(HAL_LED_2,5,50,500);
  }
}
```

改代码的功能是终端节点向协调器节点发送"LED"字符串。至此修改完成，然后编译。注意到：本例经过测试无错误，如果读者编译出错显然是输入出错，请对照一下，看哪里敲错了大小写或是漏写了字母等问题。终端节点编译结果如图 8-33 所示。

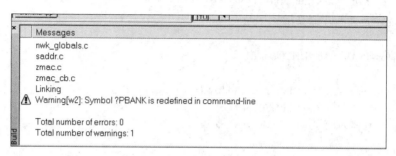

图 8-33　终端节点的编译结果

编译结束后，将该代码下载到一个 ZigBee 节点硬件上并独立通电。

修改协调器部分代码，首先选择 Workspace 下的下拉列表框，选中 CoordinatorEB 选项，然后双击 GenernicApp.c 打开协调器的源代码，如图 8-34 所示。

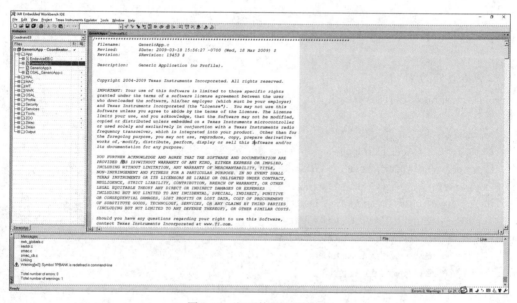

图 8-34　打开协调器源代码

找到如下代码部分：

```
void GenericApp_MessageMSGCB( afIncomingMSGPacket_t *pkt )
{
  switch ( pkt->clusterId )
```

```
  {
    case GENERICAPP_CLUSTERID:
      // "the" message
      #if defined( LCD_SUPPORTED )
      HalLcdWriteScreen( (char*)pkt->cmd.Data, "rcvd" );
      #elif defined( WIN32 )
      WPRINTSTR( pkt->cmd.Data );
      #endif
      break;
  }
}
```

将其修改为：

```
void GenericApp_MessageMSGCB( afIncomingMSGPacket_t *pkt )
{
 unsigned  char  myChar[4]="";

 switch ( pkt->clusterId )
 {
   case GENERICAPP_CLUSTERID:
    // "the" message

    osal_memcpy(myChar,pkt->cmd.Data,3);

    if((myChar[0]=='L')&&(myChar[1]=='E')&&(myChar[2]=='D'))
    {
       HalLedBlink(HAL_LED_1,5,50,500);
    }
    else
    {
       HalLedBlink(HAL_LED_2,5,50,500);
    }

    #if defined( LCD_SUPPORTED )
    HalLcdWriteScreen( (char*)pkt->cmd.Data, "rcvd" );
    #elif defined( WIN32 )
    WPRINTSTR( pkt->cmd.Data );
    #endif

    break;
 }
}
```

然后编译、下载到另外一个节点并通电。至此，本实验的实验过程已经全部完成，其中关键是需要修改的两个位置与修改内容部分，这需要用户自行体会。至此，基于ZigBee协议的点对点通信部分已经全部介绍完成。

## 8.4 基于 Z-STACK 例子的自组网

在上一节中，简单介绍了如何通过修改代码来实现一个简单的点对点通信的例子。在该例基础上可以继续使用源代码进一步修改，通过添加串行通信部分（注意在 Z-STACK 协议栈代码中有带串行通信又可以跑协议的例子）可以很快实现无线串口的功能。本节作为教材的最后一节简要介绍一个自组网的例子，该例的源代码来自新大陆公司，可以运行在该公司的节点设备上。在该例中很多部分采用了 Z-STACK 协议栈中的例子工程。因此如果希望自己从零开始搭建一个完整的自组网，则需要多参考 Z-STACK 协议栈的技术文档。当然，在整个学习 Z-STACK 协议栈的使用过程中，上网搜索有关参考资料的过程是必要的。

本例中有协调器节点、路由器节点、终端节点三种类型的节点。其中协调器节点一个，其作为采集节点而存在；路由器节点两种：一种是纯粹的数据转发，另一种是带传感器的路由器；终端节点也有两种：一种是传感器终端节点，另一种是继电器节点。因此，完整而最少的节点数目为 5 个，由此组成的树状拓扑形式可以是类似图 8-35 所示的形式。

如果希望组成节点最少的带路由的自组网，则节点个数为 3 个，由此组成的树状拓扑形式可以是类似图 8-36 所示的形式。

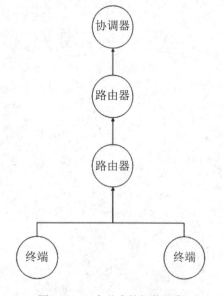

图 8-35　5 个节点的拓扑形态

图 8-36　3 个节点的拓扑形态

为了实验简便，设计图 8-36 所示的 3 个节点的拓扑形态。

（1）协调器部分源代码。

/***************************************************************

Filename：sapi.c
Revised：  $Date: 2010-01-06 16:39:32 -0800 (Wed, 06 Jan 2010) $
Revision：  $Revision: 21446 $

Description：  Z-STACK Simple Application Interface.


Copyright 2007-2010 Texas Instruments Incorporated. All rights reserved.

IMPORTANT: Your use of this Software is limited to those specific rights
granted under the terms of a software license agreement between the user
who downloaded the software, his/her employer (which must be your employer)
and Texas Instruments Incorporated (the "License").  You may not use this
Software unless you agree to abide by the terms of the License. The License
limits your use, and you acknowledge, that the Software may not be modified,
copied or distributed unless embedded on a Texas Instruments microcontroller
or used solely and exclusively in conjunction with a Texas Instruments radio
frequency transceiver, which is integrated into your product.  Other than for
the foregoing purpose, you may not use, reproduce, copy, prepare derivative
works of, modify, distribute, perform, display or sell this Software and/or
its documentation for any purpose.

YOU FURTHER ACKNOWLEDGE AND AGREE THAT THE SOFTWARE AND DOCUMENTATION ARE
PROVIDED "AS IS". WITHOUT WARRANTY OF ANY KIND, EITHER EXPRESS OR IMPLIED,
INCLUDING WITHOUT LIMITATION, ANY WARRANTY OF MERCHANTABILITY, TITLE,
NON-INFRINGEMENT AND FITNESS FOR A PARTICULAR PURPOSE. IN NO EVENT SHALL
TEXAS INSTRUMENTS OR ITS LICENSORS BE LIABLE OR OBLIGATED UNDER CONTRACT,
NEGLIGENCE, STRICT LIABILITY, CONTRIBUTION, BREACH OF WARRANTY, OR OTHER
LEGAL EQUITABLE THEORY ANY DIRECT OR INDIRECT DAMAGES OR EXPENSES
INCLUDING BUT NOT LIMITED TO ANY INCIDENTAL, SPECIAL, INDIRECT, PUNITIVE
OR CONSEQUENTIAL DAMAGES, LOST PROFITS OR LOST DATA, COST OF PROCUREMENT
OF SUBSTITUTE GOODS, TECHNOLOGY, SERVICES, OR ANY CLAIMS BY THIRD PARTIES
(INCLUDING BUT NOT LIMITED TO ANY DEFENSE THEREOF), OR OTHER SIMILAR COSTS.

Should you have any questions regarding your right to use this Software,
contact Texas Instruments Incorporated at www.TI.com.
**************************************************************************/

/**************************************************************************
 * INCLUDES
 */

```c
#include "ZComDef.h"
#include "hal_drivers.h"
#include "OSAL.h"
#include "OSAL_Tasks.h"
```

```c
//#include "OSAL_Custom.h"

#if defined ( MT_TASK )
  #include "MT.h"
  #include "MT_TASK.h"
#endif

#include "nwk.h"
#include "APS.h"
#include "ZDApp.h"

#include "osal_nv.h"
#include "NLMEDE.h"
#include "AF.h"
#include "OnBoard.h"
#include "nwk_util.h"
#include "ZDProfile.h"
#include "ZDObject.h"
#include "hal_led.h"
#include "hal_key.h"
#include "sapi.h"
#include "MT_SAPI.h"
#include   "DemoApp.h"
#include "UART_PRINT.h"

extern uint8 zgStartDelay;
extern uint8 zgSapiEndpoint;
/*********************************************************************
 * CONSTANTS
 */

#if !defined OSAL_SAPI
#define OSAL_SAPI  TRUE
#endif

#if !defined SAPI_CB_FUNC
#define SAPI_CB_FUNC TRUE
#endif

// Message ID's for application user messages must be in 0xE0-0xEF range
#define ZB_USER_MSG  0xE0
#define SAPICB_DATA_CNF   0xE0
#define SAPICB_BIND_CNF   0xE1
#define SAPICB_START_CNF  0xE2

/*********************************************************************
```

* TYPEDEFS
 */

/******************************************************************
 * GLOBAL VARIABLES
 */
uint8   serl;
uint8   serh;
uint8   Dtype;
uint8   BUF[32];

#if OSAL_SAPI
// The order in this table must be identical to the task initialization calls below in osalInitTask.
const pTaskEventHandlerFn tasksArr[] = {
  macEventLoop,
  nwk_event_loop,
  Hal_ProcessEvent,
  #if defined( MT_TASK )
  MT_ProcessEvent,
  #endif
  APS_event_loop,
  ZDApp_event_loop,

  SAPI_ProcessEvent
};

const uint8 tasksCnt = sizeof( tasksArr ) / sizeof( tasksArr[0] );
uint16 *tasksEvents;
#endif

endPointDesc_t sapi_epDesc;
uint8 sapi_TaskID;
static uint16 sapi_bindInProgress;

/******************************************************************
 * LOCAL FUNCTIONS
 */

void SAPI_ProcessZDOMsgs( zdoIncomingMsg_t *inMsg );
static void SAPI_SendCback( uint8 event, uint8 status, uint16 data );

static void SAPI_StartConfirm( uint8 status );
static void SAPI_SendDataConfirm( uint8 handle, uint8 status );
static void SAPI_BindConfirm( uint16 commandId, uint8 status );
static void SAPI_FindDeviceConfirm( uint8 searchType,
                    uint8 *searchKey, uint8 *result );
```
```

```c
static void SAPI_ReceiveDataIndication( uint16 source,
                uint16 command, uint16 len, uint8 *pData );
static void SAPI_AllowBindConfirm( uint16 source );
void  dc1_off(void);
void  dc2_off(void);
/**************************************************************************
 * @fn   zb_SystemReset
 *
 * @brief  The zb_SystemReset function reboots the ZigBee device.  The
 *         zb_SystemReset function can be called after a call to
 *         zb_WriteConfiguration to restart Z-Stack with the updated
 *         configuration.
 *
 * @param     none
 *
 * @return    none
 */
void zb_SystemReset ( void )
{
  SystemReset();
}


/**************************************************************************
 * @fn   zb_StartRequest
 *
 * @brief  The zb_StartRequest function starts the ZigBee stack.  When the
 *         ZigBee stack starts, the device reads configuration parameters
 *         from Nonvolatile memory and the device joins its network.  The
 *         ZigBee stack calls the zb_StartConrifm callback function when
 *         the startup process completes.
 *
 * @param     none
 *
 * @return    none
 */
void zb_StartRequest()
{
  uint8 logicalType;

  zb_ReadConfiguration( ZCD_NV_LOGICAL_TYPE, sizeof(uint8), &logicalType );

  // Check for bad combinations of compile flag definitions and device type setting.
  if ((logicalType > ZG_DEVICETYPE_ENDDEVICE)        ||
#if !ZG_BUILD_ENDDEVICE_TYPE   // Only RTR or Coord possible.
      (logicalType == ZG_DEVICETYPE_ENDDEVICE)       ||
#endif
```

```c
#if !ZG_BUILD_RTR_TYPE        // Only End Device possible.
    (logicalType == ZG_DEVICETYPE_ROUTER)         ||
    (logicalType == ZG_DEVICETYPE_COORDINATOR)    ||
#elif ZG_BUILD_RTRONLY_TYPE   // Only RTR possible.
    (logicalType == ZG_DEVICETYPE_COORDINATOR)    ||
#elif !ZG_BUILD_JOINING_TYPE  // Only Coord possible.
    (logicalType == ZG_DEVICETYPE_ROUTER)         ||
#endif
    (0))
  {
    logicalType = ZB_INVALID_PARAMETER;
    SAPI_SendCback(SAPICB_START_CNF, logicalType, 0);
  }
  else
  {
    logicalType = ZB_SUCCESS;
    ZDOInitDevice(zgStartDelay);
  }


  return;
}

/***************************************************************************
 * @fn   zb_BindDevice
 *
 * @brief  The zb_BindDevice function establishes or removes a binding?
 *         between two devices.  Once bound, an application can send
 *         messages to a device by referencing the commandId for the
 *         binding.
 *
 * @param    create - TRUE to create a binding, FALSE to remove a binding
 *           commandId - The identifier of the binding
 *           pDestination - The 64-bit IEEE address of the device to bind to
 *
 * @return    The status of the bind operation is returned in the
 *            zb_BindConfirm callback.
 */
void zb_BindDevice ( uint8 create, uint16 commandId, uint8 *pDestination )
{
  zAddrType_t destination;
  uint8 ret = ZB_ALREADY_IN_PROGRESS;

  if ( create )
  {
    if (sapi_bindInProgress == 0xffff)
```

```
{
    if ( pDestination )
    {
        destination.addrMode = Addr64Bit;
        osal_cpyExtAddr( destination.addr.extAddr, pDestination );

        ret = APSME_BindRequest( sapi_epDesc.endPoint, commandId,
                        &destination, sapi_epDesc.endPoint );

        if ( ret == ZSuccess )
        {
            // Find nwk addr
            ZDP_NwkAddrReq(pDestination, ZDP_ADDR_REQTYPE_SINGLE, 0, 0 );
            osal_start_timerEx( ZDAppTaskID, ZDO_NWK_UPDATE_NV, 250 );
        }
    }
    else
    {
        ret = ZB_INVALID_PARAMETER;
        destination.addrMode = Addr16Bit;
        destination.addr.shortAddr = NWK_BROADCAST_SHORTADDR;
        if ( ZDO_AnyClusterMatches( 1, &commandId, sapi_epDesc.simpleDesc->AppNumOutClusters,
                        sapi_epDesc.simpleDesc->pAppOutClusterList ) )
        {
            // Try to match with a device in the allow bind mode
            ret = ZDP_MatchDescReq( &destination, NWK_BROADCAST_SHORTADDR,
                sapi_epDesc.simpleDesc->AppProfId, 1, &commandId, 0, (cId_t *)NULL, 0 );
        }
        else if ( ZDO_AnyClusterMatches( 1, &commandId, sapi_epDesc.simpleDesc->AppNumInClusters,
                        sapi_epDesc.simpleDesc->pAppInClusterList ) )
        {
            ret = ZDP_MatchDescReq( &destination, NWK_BROADCAST_SHORTADDR,
                sapi_epDesc.simpleDesc->AppProfId, 0, (cId_t *)NULL, 1, &commandId, 0 );
        }

        if ( ret == ZB_SUCCESS )
        {
            // Set a timer to make sure bind completes
            #if ( ZG_BUILD_RTR_TYPE )
            osal_start_timerEx(sapi_TaskID, ZB_BIND_TIMER, AIB_MaxBindingTime);
            #else
            // AIB_MaxBindingTime is not defined for an End Device
            osal_start_timerEx(sapi_TaskID, ZB_BIND_TIMER, zgApsDefaultMaxBindingTime);
            #endif
            sapi_bindInProgress = commandId;
            return; // dont send cback event
```

```
      }
    }
  }

    SAPI_SendCback( SAPICB_BIND_CNF, ret, commandId );
  }
  else
  {
    // Remove local bindings for the commandId
    BindingEntry_t *pBind;

    // Loop through bindings an remove any that match the cluster
    while ( pBind = bindFind( sapi_epDesc.simpleDesc->EndPoint, commandId, 0 ) )
    {
      bindRemoveEntry(pBind);
    }
    osal_start_timerEx( ZDAppTaskID, ZDO_NWK_UPDATE_NV, 250 );
  }
  return;
}
/**************************************************************************
 * @fn          zb_PermitJoiningRequest
 *
 * @brief       The zb_PermitJoiningRequest function is used to control the
 *              joining permissions and thus allow or disallow new devices from
 *              joining the network.
 *
 * @param       destination - The destination parameter indicates the address
 *                  of the device for which the joining permissions
 *                  should be set. This is usually the local device
 *                  address or the special broadcast address that denotes
 *                  all routers and coordinator ( 0xFFFC ). This way
 *                  the joining permissions of a single device or the
 *                  whole network can be controlled.
 *              timeout -  Indicates the amount of time in seconds for which
 *                  the joining permissions should be turned on.
 *                  If timeout is set to 0x00, the device will turn off the
 *                  joining permissions indefinitely. If it is set to 0xFF,
 *                  the joining permissions will be turned on indefinitely.
 *
 *
 * @return      ZB_SUCCESS or a failure code
 *
 */
uint8 zb_PermitJoiningRequest ( uint16 destination, uint8 timeout )
```

```
{
#if defined( ZDO_MGMT_PERMIT_JOIN_REQUEST )
  zAddrType_t dstAddr;

  dstAddr.addrMode = Addr16Bit;
  dstAddr.addr.shortAddr = destination;

  return( (uint8) ZDP_MgmtPermitJoinReq( &dstAddr, timeout, 0, 0 ) );
#else
  (void)destination;
  (void)timeout;
  return ZUnsupportedMode;
#endif
}
/**************************************************************************
 * @fn          zb_AllowBind
 *
 * @brief       The zb_AllowBind function puts the device into the
 *              Allow Binding Mode for a given period of time.  A peer device
 *              can establish a binding to a device in the Allow Binding Mode
 *              by calling zb_BindDevice with a destination address of NULL
 *
 * @param       timeout - The number of seconds to remain in the allow binding
 *              mode.  Valid values range from 1 through 65.
 *              If 0, the Allow Bind mode will be set false without TO
 *              If greater than 64, the Allow Bind mode will be true
 *
 * @return      ZB_SUCCESS if the device entered the allow bind mode, else
 *              an error code.
 */
void zb_AllowBind ( uint8 timeout )
{

  osal_stop_timerEx(sapi_TaskID, ZB_ALLOW_BIND_TIMER);

  if ( timeout == 0 )
  {
    afSetMatch(sapi_epDesc.simpleDesc->EndPoint, FALSE);
  }
  else
  {
    afSetMatch(sapi_epDesc.simpleDesc->EndPoint, TRUE);
    if ( timeout != 0xFF )
    {
      if ( timeout > 64 )
      {
```

```
        timeout = 64;
    }
    osal_start_timerEx(sapi_TaskID, ZB_ALLOW_BIND_TIMER, timeout*1000);
    }
  }
 }
 return;
}
/**************************************************************************
 * @fn          zb_SendDataRequest
 *
 * @brief       The zb_SendDataRequest function initiates transmission of data
 *              to a peer device
 *
 * @param       destination - The destination of the data.  The destination can
 *                  be one of the following:
 *                  - 16-Bit short address of device [0-0xfffD]
 *                  - ZB_BROADCAST_ADDR sends the data to all devices
 *                    in the network.
 *                  - ZB_BINDING_ADDR sends the data to a previously
 *                    bound device.
 *
 *              commandId - The command ID to send with the message.  If the
 *                  ZB_BINDING_ADDR destination is used, this parameter
 *                  also indicates the binding to use.
 *
 *              len - The size of the pData buffer in bytes
 *              handle - A handle used to identify the send data request.
 *              txOptions - TRUE if requesting acknowledgement from the destination.
 *              radius - The max number of hops the packet can travel through
 *                  before it is dropped.
 *
 * @return      none
 */
void zb_SendDataRequest ( uint16 destination, uint16 commandId, uint8 len,
            uint8 *pData, uint8 handle, uint8 txOptions, uint8 radius )
{
 afStatus_t status;
 afAddrType_t dstAddr;

 txOptions |= AF_DISCV_ROUTE;

 // Set the destination address
 if (destination == ZB_BINDING_ADDR)
 {
  // Binding
  dstAddr.addrMode = afAddrNotPresent;
```

```c
    }
    else
    {
      // Use short address
      dstAddr.addr.shortAddr = destination;
      dstAddr.addrMode = afAddr16Bit;

      if ( ADDR_NOT_BCAST != NLME_IsAddressBroadcast( destination ) )
      {
        txOptions &= ~AF_ACK_REQUEST;
      }
    }

    dstAddr.panId = 0;                    // Not an inter-pan message.
    dstAddr.endPoint = sapi_epDesc.simpleDesc->EndPoint;  // Set the endpoint.

    // Send the message
    status = AF_DataRequest(&dstAddr, &sapi_epDesc, commandId, len,
                pData, &handle, txOptions, radius);

    if (status != afStatus_SUCCESS)
    {
      SAPI_SendCback( SAPICB_DATA_CNF, status, handle );
    }
}

/**************************************************************************
 * @fn          zb_ReadConfiguration
 *
 * @brief       The zb_ReadConfiguration function is used to get a
 *              Configuration Protperty from Nonvolatile memory.
 *
 * @param       configId - The identifier for the configuration property
 *              len - The size of the pValue buffer in bytes
 *              pValue - A buffer to hold the configuration property
 *
 * @return      none
 */
uint8 zb_ReadConfiguration( uint8 configId, uint8 len, void *pValue )
{
  uint8 size;

  size = (uint8)osal_nv_item_len( configId );
  if ( size > len )
  {
    return ZFailure;
```

```c
  }
  else
  {
    return( osal_nv_read(configId, 0, size, pValue) );
  }
}
/****************************************************************
 * @fn      zb_WriteConfiguration
 *
 * @brief   The zb_WriteConfiguration function is used to write a
 *          Configuration Property to nonvolatile memory.
 *
 * @param   configId - The identifier for the configuration property
 *          len - The size of the pValue buffer in bytes
 *          pValue - A buffer containing the new value of the
 *                   configuration property
 *
 * @return  none
 */
uint8 zb_WriteConfiguration( uint8 configId, uint8 len, void *pValue )
{
  return( osal_nv_write(configId, 0, len, pValue) );
}
/****************************************************************
 * @fn      zb_GetDeviceInfo
 *
 * @brief   The zb_GetDeviceInfo function retrieves a Device Information
 *          Property.
 *
 * @param   param - The identifier for the device information
 *          pValue - A buffer to hold the device information
 *
 * @return  none
 */
void zb_GetDeviceInfo ( uint8 param, void *pValue )
{
  switch(param)
  {
    case ZB_INFO_DEV_STATE:
      osal_memcpy(pValue, &devState, sizeof(uint8));
      break;
    case ZB_INFO_IEEE_ADDR:
      osal_memcpy(pValue, &aExtendedAddress, Z_EXTADDR_LEN);
      break;
    case ZB_INFO_SHORT_ADDR:
      osal_memcpy(pValue, &_NIB.nwkDevAddress, sizeof(uint16));
```

```c
      break;
    case ZB_INFO_PARENT_SHORT_ADDR:
      osal_memcpy(pValue, &_NIB.nwkCoordAddress, sizeof(uint16));
      break;
    case ZB_INFO_PARENT_IEEE_ADDR:
      osal_memcpy(pValue, &_NIB.nwkCoordExtAddress, Z_EXTADDR_LEN);
      break;
    case ZB_INFO_CHANNEL:
      osal_memcpy(pValue, &_NIB.nwkLogicalChannel, sizeof(uint8));
      break;
    case ZB_INFO_PAN_ID:
      osal_memcpy(pValue, &_NIB.nwkPanId, sizeof(uint16));
      break;
    case ZB_INFO_EXT_PAN_ID:
      osal_memcpy(pValue, &_NIB.extendedPANID, Z_EXTADDR_LEN);
      break;
  }
}

/*********************************************************************
 * @fn          zb_FindDeviceRequest
 *
 * @brief       The zb_FindDeviceRequest function is used to determine the
 *              short address for a device in the network.  The device initiating
 *              a call to zb_FindDeviceRequest and the device being discovered
 *              must both be a member of the same network.  When the search is
 *              complete, the zv_FindDeviceConfirm callback function is called.
 *
 * @param       searchType - The type of search to perform. Can be one of following:
 *                ZB_IEEE_SEARCH - Search for 16-bit addr given IEEE addr.
 *              searchKey - Value to search on.
 *
 * @return      none
 */
void zb_FindDeviceRequest( uint8 searchType, void *searchKey )
{
  if (searchType == ZB_IEEE_SEARCH)
  {
    ZDP_NwkAddrReq((uint8*) searchKey, ZDP_ADDR_REQTYPE_SINGLE, 0, 0 );
  }
}
/*********************************************************************
 * @fn          SAPI_StartConfirm
 *
 * @brief       The SAPI_StartConfirm callback is called by the ZigBee stack
 *              after a start request operation completes
```

```
*
* @param      status - The status of the start operation.  Status of
*                     ZB_SUCCESS indicates the start operation completed
*                     successfully.  Else the status is an error code.
*
* @return     none
*/
void SAPI_StartConfirm( uint8 status )
{
#if defined ( MT_SAPI_CB_FUNC )
  /* First check if MT has subscribed for this callback. If so , pass it as
   a event to MonitorTest and return control to calling function after that */
  if ( SAPICB_CHECK( SPI_CB_SAPI_START_CNF ) )
  {
    zb_MTCallbackStartConfirm( status );
  }
  else
#endif //MT_SAPI_CB_FUNC
  {
#if ( SAPI_CB_FUNC )
    zb_StartConfirm( status );
#endif
  }
}

/**************************************************************************
* @fn       SAPI_SendDataConfirm
*
* @brief    The SAPI_SendDataConfirm callback function is called by the
*           ZigBee after a send data operation completes
*
* @param    handle - The handle identifying the data transmission.
*           status - The status of the operation.
*
* @return   none
*/
void SAPI_SendDataConfirm( uint8 handle, uint8 status )
{
#if defined ( MT_SAPI_CB_FUNC )
  /* First check if MT has subscribed for this callback. If so , pass it as
   a event to MonitorTest and return control to calling function after that */
  if ( SAPICB_CHECK( SPI_CB_SAPI_SEND_DATA_CNF ) )
  {
    zb_MTCallbackSendDataConfirm( handle, status );
  }
  else
```

```c
#endif //MT_SAPI_CB_FUNC
  }
#if ( SAPI_CB_FUNC )
  zb_SendDataConfirm( handle, status );
#endif
 }
}

/***********************************************************************
 * @fn          SAPI_BindConfirm
 *
 * @brief       The SAPI_BindConfirm callback is called by the ZigBee stack
 *              after a bind operation completes.
 *
 * @param       commandId - The command ID of the binding being confirmed.
 *              status - The status of the bind operation.
 *              allowBind - TRUE if the bind operation was initiated by a call
 *                  to zb_AllowBindRespones. FALSE if the operation
 *                  was initiated by a call to ZB_BindDevice
 *
 * @return      none
 */
void SAPI_BindConfirm( uint16 commandId, uint8 status )
{
#if defined ( MT_SAPI_CB_FUNC )
  /* First check if MT has subscribed for this callback. If so , pass it as
  a event to MonitorTest and return control to calling function after that */
  if ( SAPICB_CHECK( SPI_CB_SAPI_BIND_CNF ) )
  {
    zb_MTCallbackBindConfirm( commandId, status );
  }
  else
#endif //MT_SAPI_CB_FUNC
  {
#if ( SAPI_CB_FUNC )
    zb_BindConfirm( commandId, status );
#endif
  }
}
/***********************************************************************
 * @fn          SAPI_AllowBindConfirm
 *
 * @brief       Indicates when another device attempted to bind to this device
 *
 * @param
 *
```

```c
 * @return      none
 */
void SAPI_AllowBindConfirm( uint16 source )
{
 #if defined ( MT_SAPI_CB_FUNC )
 /* First check if MT has subscribed for this callback. If so , pass it as
 a event to MonitorTest and return control to calling function after that */
 if ( SAPICB_CHECK( SPI_CB_SAPI_ALLOW_BIND_CNF ) )
 {
   zb_MTCallbackAllowBindConfirm( source );
 }
 else
#endif //MT_SAPI_CB_FUNC
 {
#if ( SAPI_CB_FUNC )
   zb_AllowBindConfirm( source );
#endif
 }
}
/**************************************************************************
 * @fn      SAPI_FindDeviceConfirm
 *
 * @brief   The SAPI_FindDeviceConfirm callback function is called by the
 *          ZigBee stack when a find device operation completes.
 *
 * @param   searchType - The type of search that was performed.
 *          searchKey - Value that the search was executed on.
 *          result - The result of the search.
 *
 * @return  none
 */
void SAPI_FindDeviceConfirm( uint8 searchType, uint8 *searchKey, uint8 *result )
{
#if defined ( MT_SAPI_CB_FUNC )
 /* First check if MT has subscribed for this callback. If so , pass it as
 a event to MonitorTest and return control to calling function after that */
 if ( SAPICB_CHECK( SPI_CB_SAPI_FIND_DEV_CNF ) )
 {
   zb_MTCallbackFindDeviceConfirm( searchType, searchKey, result );
 }
 else
#endif //MT_SAPI_CB_FUNC
 {
#if ( SAPI_CB_FUNC )
   zb_FindDeviceConfirm( searchType, searchKey, result );
#endif
```

```c
    }
  }
/******************************************************************
 * @fn      SAPI_ReceiveDataIndication
 *
 * @brief   接收到 ZigBee 的信息处理
 *          The SAPI_ReceiveDataIndication callback function is called
 *          asynchronously by the ZigBee stack to notify the application
 *          when data is received from a peer device.
 *
 * @param   source - The short address of the peer device that sent the data
 *          command - The commandId associated with the data
 *          len - The number of bytes in the pData parameter
 *          pData - The data sent by the peer device
 *
 * @return  none
 ******************************/
void SAPI_ReceiveDataIndication( uint16 source, uint16 command, uint16 len, uint8 *pData )
{
  #if (LOG_TYPE==0)   // 协调器
  #if defined ( MT_SAPI_CB_FUNC )
/* First check if MT has subscribed for this callback. If so , pass it as
a event to MonitorTest and return control to calling function after that */
  if ( SAPICB_CHECK( SPI_CB_SAPI_RCV_DATA_IND ) )
  {
    zb_MTCallbackReceiveDataIndication( source, command, len, pData );
  }
  else
  #endif //MT_SAPI_CB_FUNC
  {
    if( (pData[0]==0xff) && (pData[1]==0xf5) )
    { // 继电器应答发到串口
      HalUARTWrite(HAL_UART_PORT_0,pData, len);
    }
    else
    {
      #if ( SAPI_CB_FUNC )
      zb_ReceiveDataIndication( source, command, len, pData );
      #endif //SAPI_CB_FUNC
    }
  }
  #endif //(LOG_TYPE==0)

  #if (LOG_TYPE==4)
// 继电器命令处理
  uint8  flag;
```

```
    //FF F5 05 01 12 34 55 AA LRC 命令的应答为：FF F5 06 01 12 34 55 AA FF [LRC]：
    #if defined (DEBUG_DATA)
    uart_printf(" 接收数据 data:");
    uart_datas(pData, len);
    #endif
  if( (*pData==0xff)&& (*(pData+1)==0xf5) )
#ifndef NO_LRC
    if( *(pData+len-1)==lrc_checksum(pData,len-1) )
#endif
    if( (*(pData+5)==serh)&& (*(pData+4)==serl) )
    {
      osal_memcpy(BUF,pData,32);
      if( *(pData+3) == 0X01)
      { // 数据校验
        BUF[2]++;
        BUF[len-1]=BUF[len-2]^ BUF[len-3] ;
        BUF[len]=lrc_checksum(BUF,len);
        HAL_TOGGLE_LED1();
        osal_set_event( sapi_TaskID ,REPLAY_EVENT ) ;
        return;
      }
      BUF[len-1]=00;
      BUF[len]=00;
      if( *(pData+3) == 0X02)
      {   // 继电器命令

        flag=0;
        if( *(pData+6) == 0X00 )
        {
          switch((*(pData+7))&0x0f )
          {
          case 1:
              HAL_TURN_ON_DC1();
              flag=1;
              break;
          case 2:
              HAL_TURN_OFF_DC1();
              flag=1;
              break;
          case 3:
              HAL_TOGGLE_DC1();
              flag=1;
              break;
          case 4:
              flag=1;
              break;
```

```c
        }
        switch((*(pData+7))>>4 )
        {
        case 1:
            HAL_TURN_ON_DC2();
            flag=2;
            break;
        case 2:
            HAL_TURN_OFF_DC2();
            flag=2;
            break;
        case 3:
            HAL_TOGGLE_DC2();
            flag=2;
            break;
        case 4:
            flag=2;
            break;
        }

    }
    if( *(pData+6) == 0X01 )
    {
        switch((*(pData+7)) )
        {
        case 1:
            dc2_off();
            HAL_TURN_ON_DC1();
            flag=1;
            break;
        case 2:
            HAL_TURN_OFF_DC1();
            flag=1;
            break;
        case 3:
            if(!HAL_STATE_DC1())
                dc2_off();
            HAL_TOGGLE_DC1();
            flag=1;
            break;

        case 0x10:
            dc1_off();
            HAL_TURN_ON_DC2();
            flag=2;
            break;
```

```
            case 0x20:
                HAL_TURN_OFF_DC2();
                flag=2;
                break;
            case 0x30:
                if(!HAL_STATE_DC2())
                   dc1_off();
                HAL_TOGGLE_DC2();
                flag=2;
                break;

    }

}
if (flag!=0)
  {
     if(HAL_STATE_DC1())
       {
          HAL_TURN_ON_LED3();
          BUF[len-1]=01;
       }
     else
       {
          HAL_TURN_OFF_LED3();
          BUF[len-1]=02;
       }

     if(HAL_STATE_DC2())
       {
          HAL_TURN_ON_LED4();
          BUF[len]=01;
       }
     else
       {
          HAL_TURN_OFF_LED4();
          BUF[len]=02;
       }
    }
 }

BUF[2]++;
BUF[2]++;
BUF[len+1]=lrc_checksum(BUF,len+1);
HAL_TOGGLE_LED1();
osal_set_event(sapi_TaskID ,REPLAY_EVENT ) ;
}
```

```c
#endif   //LOG_TYPE==4

}
/**************************************************************
 * @fn      SAPI_ProcessEvent
 *
 * @brief   Simple API Task event processor.  This function
 *          is called to process all events for the task.  Events
 *          include timers, messages and any other user defined events.
 *
 * @param   task_id  - The OSAL assigned task ID.
 * @param   events - events to process.  This is a bit map and can
 *                   contain more than one event.
 *
 * @return  none
 */
UINT16 SAPI_ProcessEvent( byte task_id, UINT16 events )
{
  osal_event_hdr_t *pMsg;
  afIncomingMSGPacket_t *pMSGpkt;
  afDataConfirm_t *pDataConfirm;
  static   uint8   rdcfg=0;
  uint8 buf[16];
  if ( events & SYS_EVENT_MSG )
  {
    pMsg = (osal_event_hdr_t *) osal_msg_receive( task_id );
    while ( pMsg )
    {
     switch ( pMsg->event )
     {
      case ZDO_CB_MSG:
        SAPI_ProcessZDOMsgs( (zdoIncomingMsg_t *)pMsg );
        break;

      case AF_DATA_CONFIRM_CMD:      /* 发送成功 */
        // This message is received as a confirmation of a data packet sent.
        // The status is of ZStatus_t type [defined in ZComDef.h]
        // The message fields are defined in AF.h
        pDataConfirm = (afDataConfirm_t *) pMsg;
        SAPI_SendDataConfirm( pDataConfirm->transID, pDataConfirm->hdr.status );
        break;

      case AF_INCOMING_MSG_CMD:           /*ZigBee 接收成功 */
        pMSGpkt = (afIncomingMSGPacket_t *) pMsg;
        // 接收到的信息处理
```

```c
      SAPI_ReceiveDataIndication( pMSGpkt->srcAddr.addr.shortAddr, pMSGpkt->clusterId,
               pMSGpkt->cmd.DataLength, pMSGpkt->cmd.Data);
  break;

  case ZDO_STATE_CHANGE:
    // If the device has started up, notify the application
    if (pMsg->status == DEV_END_DEVICE ||
        pMsg->status == DEV_ROUTER ||
        pMsg->status == DEV_ZB_COORD )
    {
      SAPI_StartConfirm( ZB_SUCCESS );
    }
    else if (pMsg->status == DEV_HOLD ||
         pMsg->status == DEV_INIT)
    {
      SAPI_StartConfirm( ZB_INIT );
    }
    break;

  case ZDO_MATCH_DESC_RSP_SENT:
    SAPI_AllowBindConfirm( ((ZDO_MatchDescRspSent_t *)pMsg)->nwkAddr );
    break;

  case KEY_CHANGE:
#if ( SAPI_CB_FUNC )
    zb_HandleKeys( ((keyChange_t *)pMsg)->state, ((keyChange_t *)pMsg)->keys );
#endif
    break;

  case SAPICB_DATA_CNF:
    SAPI_SendDataConfirm( (uint8)((sapi_CbackEvent_t *)pMsg)->data,
               ((sapi_CbackEvent_t *)pMsg)->hdr.status );
    break;

  case SAPICB_BIND_CNF:
    SAPI_BindConfirm( ((sapi_CbackEvent_t *)pMsg)->data,
             ((sapi_CbackEvent_t *)pMsg)->hdr.status );
    break;

  case SAPICB_START_CNF:
    SAPI_StartConfirm( ((sapi_CbackEvent_t *)pMsg)->hdr.status );
    break;

  default:
    // User messages should be handled by user or passed to the application
    if ( pMsg->event >= ZB_USER_MSG )
```

```
      {
      
      }
      break;
    }
    
    // Release the memory
    osal_msg_deallocate( (uint8 *) pMsg );
    
    // Next
    pMsg = (osal_event_hdr_t *) osal_msg_receive( task_id );
  }
  
  // Return unprocessed events
  return (events ^ SYS_EVENT_MSG);
}

if ( events & ZB_ALLOW_BIND_TIMER )
{
  afSetMatch(sapi_epDesc.simpleDesc->EndPoint, FALSE);
  return (events ^ ZB_ALLOW_BIND_TIMER);
}

if ( events & ZB_BIND_TIMER )
{
  // Send bind confirm callback to application
  SAPI_BindConfirm( sapi_bindInProgress, ZB_TIMEOUT );
  sapi_bindInProgress = 0xffff;
  
  return (events ^ ZB_BIND_TIMER);
}

if ( events & ZB_ENTRY_EVENT )
{
  uint8 startOptions;
  
  // Give indication to application of device startup
#if ( SAPI_CB_FUNC )
  zb_HandleOsalEvent( ZB_ENTRY_EVENT );
#endif
  
  // LED off cancels HOLD_AUTO_START blink set in the stack
  HalLedSet (HAL_LED_4, HAL_LED_MODE_OFF);
  
  zb_ReadConfiguration( ZCD_NV_STARTUP_OPTION, sizeof(uint8), &startOptions );
  if ( startOptions & ZCD_STARTOPT_AUTO_START )
```

```
    {
      zb_StartRequest();
    }
    else
    {
      // blink leds and wait for external input to config and restart
      HalLedBlink(HAL_LED_2, 0, 50, 500);
    }

    return (events ^ ZB_ENTRY_EVENT );
  }

  if ( events & ( ZB_TIME_EVENT ) )
  {


#if defined TESTNV
    test_read_flash();
#endif
    if(!rdcfg)
    {
      rdcfg=1;
      configread(buf);

      uart_printf("\r\nZigBee start!\r\n");
      //MicroWait (10000);
      uart_printf(" 节点类型（0- 协调器，1- 路由，2- 全功能节点，3- 终端节点，4- 继电器）:%d\r\n",
      LOG_TYPE);

      uart_printf("Pand_id: 0X%04x\r\n", BUILD_UINT16(buf[0],buf[1]));

      uart_printf("chancel: %d\r\n", buf[2]);

      #if ((LOG_TYPE!=00) && (LOG_TYPE!=01))
      {
      uart_printf(" 设备号：0X%04x\r\n", BUILD_UINT16(serl,serh));
      uart_printf(" 类型：0X%02x\r\n", Dtype);
      }
      #endif

    }

    osal_start_timerEx( sapi_TaskID, ZB_TIME_EVENT,100 );
    uartRxCB( HAL_UART_PORT_0,0 );
    return (events ^ ZB_TIME_EVENT );
  }
```

```c
  if ( events & ( ZB_RST_EVENT ) )
  {
    zb_SystemReset();
  }
  // This must be the last event to be processed
  if ( events & ( ZB_USER_EVENTS ) )
  {
    // User events are passed to the application
    #if ( SAPI_CB_FUNC )
    zb_HandleOsalEvent( events );
    #endif

    // Do not return here, return 0 later
  }
  #if (LOG_TYPE==4)
  if ( events & REPLAY_EVENT)
    {
    #if  defined (DEBUG_DATA)
      uart_printf("RLYdataS:");
      uart_datas(BUF, BUF[2]+4);
      uart_printf("\r\n");
    #endif
      sendreplay( BUF, BUF[2]+4);

    }
#endif
  // Discard unknown events
  return 0;
}

/******************************************************************
* @fn     SAPI_ProcessZDOMsgs()
*
* @brief  Process response messages
*
* @param  none
*
* @return none
*/
void SAPI_ProcessZDOMsgs( zdoIncomingMsg_t *inMsg )
{
  switch ( inMsg->clusterID )
  {
    case NWK_addr_rsp:
      {
```

```c
      // Send find device callback to application
      ZDO_NwkIEEEAddrResp_t *pNwkAddrRsp = ZDO_ParseAddrRsp( inMsg );
      SAPI_FindDeviceConfirm( ZB_IEEE_SEARCH, (uint8*)&pNwkAddrRsp->nwkAddr, pNwkAddrRsp->extAddr );
    }
    break;

  case Match_Desc_rsp:
    {
      zAddrType_t dstAddr;
      ZDO_ActiveEndpointRsp_t *pRsp = ZDO_ParseEPListRsp( inMsg );

      if ( sapi_bindInProgress != 0xffff )
      {
        // Create a binding table entry
        dstAddr.addrMode = Addr16Bit;
        dstAddr.addr.shortAddr = pRsp->nwkAddr;

        if ( APSME_BindRequest( sapi_epDesc.simpleDesc->EndPoint,
              sapi_bindInProgress, &dstAddr, pRsp->epList[0] ) == ZSuccess )
        {
          osal_stop_timerEx(sapi_TaskID, ZB_BIND_TIMER);
          osal_start_timerEx( ZDAppTaskID, ZDO_NWK_UPDATE_NV, 250 );

          // Find IEEE addr
          ZDP_IEEEAddrReq( pRsp->nwkAddr, ZDP_ADDR_REQTYPE_SINGLE, 0, 0 );
          #if defined ( MT_SAPI_CB_FUNC )
          zb_MTCallbackBindConfirm( sapi_bindInProgress, ZB_SUCCESS );
          #endif
          // Send bind confirm callback to application
          #if ( SAPI_CB_FUNC )
          zb_BindConfirm( sapi_bindInProgress, ZB_SUCCESS );
          #endif
          sapi_bindInProgress = 0xffff;
        }
      }
    }
    break;
  }
}

/**************************************************************
 * @fn      SAPI_Init
 *
 * @brief   Initialization function for the Simple API Task.
 *          This is called during initialization and should contain
```

```c
 *        any application specific initialization (ie. hardware
 *        initialization/setup, table initialization, power up
 *        notification ... ).
 *
 * @param   task_id - the ID assigned by OSAL.  This ID should be
 *                  used to send messages and set timers.
 *
 * @return  none
 */
void SAPI_Init( byte task_id )
{
  sapi_TaskID = task_id;
  sapi_bindInProgress = 0xffff;

  sapi_epDesc.task_id = &sapi_TaskID;
  sapi_epDesc.endPoint = 0;

#if ( SAPI_CB_FUNC )
  sapi_epDesc.endPoint = zb_SimpleDesc.EndPoint;
  sapi_epDesc.task_id = &sapi_TaskID;
  sapi_epDesc.simpleDesc = (SimpleDescriptionFormat_t *)&zb_SimpleDesc;
  sapi_epDesc.latencyReq = noLatencyReqs;

  // Register the endpoint/interface description with the AF
  afRegister( &sapi_epDesc );
#endif

  // Turn off match descriptor response by default
  afSetMatch(sapi_epDesc.simpleDesc->EndPoint, FALSE);

  // Register callback evetns from the ZDApp
  ZDO_RegisterForZDOMsg( sapi_TaskID, NWK_addr_rsp );
  ZDO_RegisterForZDOMsg( sapi_TaskID, Match_Desc_rsp );

#if ( SAPI_CB_FUNC )
#if (defined HAL_KEY) && (HAL_KEY == TRUE)
  // Register for HAL events
  RegisterForKeys( sapi_TaskID );

  if ( HalKeyRead () == HAL_KEY_SW_5)
  {
    // If SW5 is pressed and held while powerup, force auto-start and nv-restore off and reset
    uint8 startOptions = ZCD_STARTOPT_CLEAR_STATE | ZCD_STARTOPT_CLEAR_CONFIG;
    zb_WriteConfiguration( ZCD_NV_STARTUP_OPTION, sizeof(uint8), &startOptions );
    zb_SystemReset();
  }
```

```c
#endif // HAL_KEY

  // Set an event to start the application
  osal_set_event(task_id, ZB_ENTRY_EVENT);
#endif
  osal_start_timerEx( sapi_TaskID, ZB_TIME_EVENT,1000 );
}
/********************************************************************
 * @fn      SAPI_SendCback
 *
 * @brief   Sends a message to the sapi task ( itself ) so that a
 *          callback can be generated later.
 *
 * @return  none
 */
void SAPI_SendCback( uint8 event, uint8 status, uint16 data )
{
  sapi_CbackEvent_t *pMsg;

  pMsg = (sapi_CbackEvent_t *)osal_msg_allocate( sizeof(sapi_CbackEvent_t) );
  if( pMsg )
  {
    pMsg->hdr.event = event;
    pMsg->hdr.status = status;
    pMsg->data = data;

    osal_msg_send( sapi_TaskID, (uint8 *)pMsg );
  }

}

#if OSAL_SAPI
/********************************************************************
 * @fn      osalInitTasks
 *
 * @brief   This function invokes the initialization function for each task.
 *
 * @param   void
 *
 * @return  none
 */
void osalInitTasks( void )
{
  uint8 taskID = 0;

  tasksEvents = (uint16 *)osal_mem_alloc( sizeof( uint16 ) * tasksCnt);
```

```
    osal_memset( tasksEvents, 0, (sizeof( uint16 ) * tasksCnt));

    macTaskInit( taskID++ );
    nwk_init( taskID++ );
    Hal_Init( taskID++ );
#if defined( MT_TASK )
    MT_TaskInit( taskID++ );
#endif
    APS_Init( taskID++ );
    ZDApp_Init( taskID++ );
    SAPI_Init( taskID );
}
#endif

/***************************************************************************/
void  dc1_off(void)
{
    if(HAL_STATE_DC1())
    {
        MicroWait (65000);
        MicroWait (65000);
        MicroWait (65000);
        HAL_TURN_OFF_DC1();
    }

}

void   dc2_off(void)
{
    if(HAL_STATE_DC2())
    {
        MicroWait (65000);
        MicroWait (65000);
        MicroWait (65000);
        HAL_TURN_OFF_DC2();
    }

}
```

（2）终端部分源代码。

```
/**************************************************************************
    Filename: DemoSensor.c

    Description: Sensor application for the sensor demo utilizing the Simple API.

              The sensor application binds to a gateway and will periodically
```

read temperature and supply voltage from the ADC and send report
towards the gateway node.

Copyright 2009 Texas Instruments Incorporated. All rights reserved.

IMPORTANT: Your use of this Software is limited to those specific rights
granted under the terms of a software license agreement between the user
who downloaded the software, his/her employer (which must be your employer)
and Texas Instruments Incorporated (the "License").  You may not use this
Software unless you agree to abide by the terms of the License. The License
limits your use, and you acknowledge, that the Software may not be modified,
copied or distributed unless embedded on a Texas Instruments microcontroller
or used solely and exclusively in conjunction with a Texas Instruments radio
frequency transceiver, which is integrated into your product.  Other than for
the foregoing purpose, you may not use, reproduce, copy, prepare derivative
works of, modify, distribute, perform, display or sell this Software and/or
its documentation for any purpose.

YOU FURTHER ACKNOWLEDGE AND AGREE THAT THE SOFTWARE AND DOCUMENTATION ARE
PROVIDED 揂 S IS?WITHOUT WARRANTY OF ANY KIND, EITHER EXPRESS OR IMPLIED,
INCLUDING WITHOUT LIMITATION, ANY WARRANTY OF MERCHANTABILITY, TITLE,
NON-INFRINGEMENT AND FITNESS FOR A PARTICULAR PURPOSE. IN NO EVENT SHALL
TEXAS INSTRUMENTS OR ITS LICENSORS BE LIABLE OR OBLIGATED UNDER CONTRACT,
NEGLIGENCE, STRICT LIABILITY, CONTRIBUTION, BREACH OF WARRANTY, OR OTHER
LEGAL EQUITABLE THEORY ANY DIRECT OR INDIRECT DAMAGES OR EXPENSES
INCLUDING BUT NOT LIMITED TO ANY INCIDENTAL, SPECIAL, INDIRECT, PUNITIVE
OR CONSEQUENTIAL DAMAGES, LOST PROFITS OR LOST DATA, COST OF PROCUREMENT
OF SUBSTITUTE GOODS, TECHNOLOGY, SERVICES, OR ANY CLAIMS BY THIRD PARTIES
(INCLUDING BUT NOT LIMITED TO ANY DEFENSE THEREOF), OR OTHER SIMILAR COSTS.

Should you have any questions regarding your right to use this Software,
contact Texas Instruments Incorporated at www.TI.com.
**************************************************************************/

/*********************************************************************
 * INCLUDES
 */

#include "ZComDef.h"
#include "OSAL.h"
#include "sapi.h"
#include "hal_key.h"
#include "hal_lcd.h"
#include "hal_led.h"
#include "hal_adc.h"

```c
#include "hal_mcu.h"
#include "hal_uart.h"
#include "sensor.h"
#include "UART_PRINT.h"
#include "DemoApp.h"

/***************************************************************************
 * CONSTANTS
 */
#define REPORT_FAILURE_LIMIT  4
#define ACK_REQ_INTERVAL  5        //each 5th packet is sent with ACK request

// Application States
#define APP_INIT    0              // Initial state
#define APP_START   1              // Sensor has joined network
#define APP_BIND    2              // Sensor is in process of binding
#define APP_REPORT  4              // Sensor is in reporting state

// Application osal event identifiers
// Bit mask of events ( from 0x0000 to 0x00FF )
#define MY_START_EVT   0x0001
#define MY_REPORT_EVT  0x0002
#define MY_FIND_COLLECTOR_EVT  0x0004
#define MY_SEND_EVT    0x0010

// ADC definitions for CC2430/CC2530 from the hal_adc.c file
#if defined (HAL_MCU_CC2530)
#define HAL_ADC_REF_125V    0x00    /* Internal 1.25V Reference */
#define HAL_ADC_DEC_064     0x00    /* Decimate by 64 : 8-bit resolution */
#define HAL_ADC_DEC_128     0x10    /* Decimate by 128 : 10-bit resolution */
#define HAL_ADC_DEC_512     0x30    /* Decimate by 512 : 14-bit resolution */
#define HAL_ADC_CHN_VDD3    0x0f    /* Input channel: VDD/3 */
#define HAL_ADC_CHN_TEMP    0x0e    /* Temperature sensor */
#endif // HAL_MCU_CC2530

/***************************************************************************
 * TYPEDEFS
 */


/***************************************************************************
 * LOCAL VARIABLES
 */


static uint8 appState = APP_INIT;
static uint8 reportState = FALSE;
```

```c
static uint8 reportFailureNr = 0;

static uint16 myReportPeriod = 2303;        // milliseconds
static uint16 myBindRetryDelay = 2200;      // milliseconds

static uint16 parentShortAddr;

/************************************************************************
 * GLOBAL VARIABLES
 */

// Inputs and Outputs for Sensor device
#define NUM_OUT_CMD_SENSOR  1
#define NUM_IN_CMD_SENSOR   0

// List of output and input commands for Sensor device
const cId_t zb_OutCmdList[NUM_OUT_CMD_SENSOR] =
{
  SENSOR_REPORT_CMD_ID
};

// Define SimpleDescriptor for Sensor device
const SimpleDescriptionFormat_t zb_SimpleDesc =
{
  MY_ENDPOINT_ID,              // Endpoint
  MY_PROFILE_ID,               // Profile ID
  DEV_ID_SENSOR,               // Device ID
  DEVICE_VERSION_SENSOR,       // Device Version
  0,                           // Reserved
  NUM_IN_CMD_SENSOR,           // Number of Input Commands
  (cId_t *) NULL,              // Input Command List
  NUM_OUT_CMD_SENSOR,          // Number of Output Commands
  (cId_t *) zb_OutCmdList      // Output Command List
};


/************************************************************************
 * LOCAL FUNCTIONS
 */

void uartRxCB( uint8 port, uint8 event );
static void sendDummyReport(void);
static int8 readTemp(void);
static uint8 readinVoltage(void);
```

```c
/***************************************************************************
 * @fn      zb_HandleOsalEvent
 *
 * @brief   The zb_HandleOsalEvent function is called by the operating
 *          system when a task event is set
 *
 * @param   event - Bitmask containing the events that have been set
 *
 * @return  none
 */
void zb_HandleOsalEvent( uint16 event )
{
  if(event & SYS_EVENT_MSG)
  {

  }

  if( event & ZB_ENTRY_EVENT )
  {
    initUart(uartRxCB);
    // blind LED 1 to indicate joining a network
    HalLedBlink ( HAL_LED_1, 0, 50, 500 );
    HalLedBlink ( HAL_LED_2, 0, 50, 500 );
    // Start the device
    zb_StartRequest();
  }

  if ( event & MY_REPORT_EVT )
  {
    //if ( appState == APP_REPORT )
    {
      appState = APP_REPORT;
      HAL_TOGGLE_LED1();
      HAL_TURN_OFF_LED2();
      sendDummyReport();
      osal_start_timerEx( sapi_TaskID, MY_REPORT_EVT, myReportPeriod+(uint8)osal_rand() );
      //osal_start_timerEx( sapi_TaskID, MY_REPORT_EVT, myReportPeriod );
    }
  }
  if ( event & MY_FIND_COLLECTOR_EVT )
  {
    // Delete previous binding
    if ( appState==APP_REPORT )
    {
      zb_AllowBind( 0x00 );
      zb_BindDevice( FALSE, SENSOR_REPORT_CMD_ID, (uint8 *)NULL );
```

```c
    }
    appState = APP_BIND;
    // blind LED 2 to indicate discovery and binding
    //HalLedBlink ( HAL_LED_2, 0, 50, 500 );
    HalLedBlink ( HAL_LED_4, 0, 10, 2000);
    HalLedSet( HAL_LED_3, HAL_LED_MODE_OFF );
    HalLedSet( HAL_LED_2, HAL_LED_MODE_OFF );
    HalLedSet( HAL_LED_1, HAL_LED_MODE_OFF );
    // Find and bind to a collector device
    zb_BindDevice( TRUE, SENSOR_REPORT_CMD_ID, (uint8 *)NULL );
    osal_start_timerEx( sapi_TaskID, MY_REPORT_EVT,3000 );
     // appState =APP_REPORT;
      reportState = TRUE;
   // osal_start_timerEx( sapi_TaskID, MY_SEND_EVT, 2000 );

  }
  if ( event & MY_SEND_EVT )
  {
     osal_set_event( sapi_TaskID, MY_REPORT_EVT );
     appState =APP_REPORT;
     reportState = TRUE;

  }
}

/**************************************************************************
 * @fn      zb_HandleKeys
 *
 * @brief   Handles all key events for this device.
 *
 * @param   shift - true if in shift/alt.
 * @param   keys - bit field for key events. Valid entries:
 *           EVAL_SW4
 *           EVAL_SW3
 *           EVAL_SW2
 *           EVAL_SW1
 *
 * @return  none
 */
void zb_HandleKeys( uint8 shift, uint8 keys )
{


  keys=0;
 if ( shift )
```

```
    {
      if ( keys & HAL_KEY_SW_1 )
      {
      }
      if ( keys & HAL_KEY_SW_2 )
      {
      }
      if ( keys & HAL_KEY_SW_3 )
      {
      }
      if ( keys & HAL_KEY_SW_4 )
      {
      }
    }
    else
    {
      if ( keys & HAL_KEY_SW_1 )
      {
      }
      if ( keys & HAL_KEY_SW_2 )
      {
      }
      if ( keys & HAL_KEY_SW_3 )
      {
        // Start reporting
        osal_set_event( sapi_TaskID, MY_REPORT_EVT );
        reportState = TRUE;
      }
      if ( keys & HAL_KEY_SW_4 )
      {
      }
    }
}
/**************************************************************************
 * @fn          zb_StartConfirm
 *
 * @brief       The zb_StartConfirm callback is called by the ZigBee stack
 *              after a start request operation completes
 *
 * @param       status - The status of the start operation.  Status of
 *                       ZB_SUCCESS indicates the start operation completed
 *                       successfully.  Else the status is an error code.
 *
 * @return      none
 */
```

```c
void zb_StartConfirm( uint8 status )
{
  // If the device sucessfully started, change state to running
  if ( status == ZB_SUCCESS )
  {
    // Change application state
    appState = APP_START;

    // Set LED 1 to indicate that node is operational on the network
    //HalLedSet( HAL_LED_1, HAL_LED_MODE_ON );

    // Update the display
    #if defined ( LCD_SUPPORTED )
    HalLcdWriteString( "SensorDemo", HAL_LCD_LINE_1 );
    HalLcdWriteString( "Sensor", HAL_LCD_LINE_2 );
    #endif

    // Store parent short address
    zb_GetDeviceInfo(ZB_INFO_PARENT_SHORT_ADDR, &parentShortAddr);

    // Set event to bind to a collector
    osal_set_event( sapi_TaskID, MY_FIND_COLLECTOR_EVT );
  }
}

/*************************************************************************
 * @fn          zb_SendDataConfirm
 *
 * @brief       The zb_SendDataConfirm callback function is called by the
 *              ZigBee after a send data operation completes
 *
 * @param       handle - The handle identifying the data transmission.
 *              status - The status of the operation.
 *
 * @return      none
 */
void zb_SendDataConfirm( uint8 handle, uint8 status )
{
  if(status != ZB_SUCCESS)
  {
    if ( ++reportFailureNr >= REPORT_FAILURE_LIMIT )
    {
      // Stop reporting
      osal_stop_timerEx( sapi_TaskID, MY_REPORT_EVT );

      // After failure reporting start automatically when the device
```

```c
      // is binded to a new gateway
      reportState=TRUE;

      // Try binding to a new gateway
      osal_set_event( sapi_TaskID, MY_FIND_COLLECTOR_EVT );
      reportFailureNr=0;
    }
  }
  // status == SUCCESS
  else
  {
    // Reset failure counter
    reportFailureNr=0;
  }
}

/*****************************************************************
 * @fn          zb_BindConfirm
 *
 * @brief       The zb_BindConfirm callback is called by the ZigBee stack
 *              after a bind operation completes.
 *
 * @param       commandId - The command ID of the binding being confirmed.
 *              status - The status of the bind operation.
 *
 * @return      none
 */
void zb_BindConfirm( uint16 commandId, uint8 status )
{
  if( status == ZB_SUCCESS )
  {
    appState = APP_REPORT;
    HalLedSet( HAL_LED_2, HAL_LED_MODE_ON );
    //zb_AllowBind( 0xff );  //*******************
    // After failure reporting start automatically when the device
    // is binded to a new gateway
    if ( reportState )
    {
      // Start reporting
      osal_set_event( sapi_TaskID, MY_REPORT_EVT );
    }
  }
  else
  {
    osal_start_timerEx( sapi_TaskID, MY_FIND_COLLECTOR_EVT, myBindRetryDelay );
  }
```

}

/*****************************************************************
 * @fn           zb_AllowBindConfirm
 *
 * @brief        Indicates when another device attempted to bind to this device
 *
 * @param
 *
 * @return       none
 */
void zb_AllowBindConfirm( uint16 source )
{
}


/*****************************************************************
 * @fn           zb_FindDeviceConfirm
 *
 * @brief        The zb_FindDeviceConfirm callback function is called by the
 *               ZigBee stack when a find device operation completes.
 *
 * @param        searchType - The type of search that was performed.
 *               searchKey - Value that the search was executed on.
 *               result - The result of the search.
 *
 * @return       none
 */
void zb_FindDeviceConfirm( uint8 searchType, uint8 *searchKey, uint8 *result )
{
}


/*****************************************************************
 * @fn           zb_ReceiveDataIndication
 *
 * @brief        The zb_ReceiveDataIndication callback function is called
 *               asynchronously by the ZigBee stack to notify the application
 *               when data is received from a peer device.
 *
 * @param        source - The short address of the peer device that sent the data
 *               command - The commandId associated with the data
 *               len - The number of bytes in the pData parameter
 *               pData - The data sent by the peer device
 *
 * @return       none
 */
void zb_ReceiveDataIndication( uint16 source, uint16 command, uint16 len, uint8 *pData )

```c
   {
   }

/************************************************************************
 * @fn      uartRxCB
 *
 * @brief   Callback function for UART
 *
 * @param   port - UART port
 *          event - UART event that caused callback
 *
 * @return  none
 */
void uartRxCB( uint8 port, uint8 event )
{
  uint8 pBuf[RX_BUF_LEN];
  uint16 len;
  EA=0;
  if ( event != HAL_UART_TX_EMPTY )
  {

    // Read from UART
    len = HalUARTRead( HAL_UART_PORT_0, pBuf, RX_BUF_LEN );

    if ( len>0 )
    {

      //HalUARTWrite(HAL_UART_PORT_0, pBuf, len);

      // 参数设置
      configset(pBuf,len, LOG_TYPE);

    }
  }
  EA=1;
}

/************************************************************************
 * @fn      sendReport
 *
 * @brief   获取并发送传感数据
 *
 * @param   none
 *
 * @return  none
 */
```

```c
#define SENSOR_LENGTH            8

static void sendDummyReport(void)
{
  uint8 pData[SENSOR_LENGTH+4];
  static uint8 reportNr=0;
  uint8 txOptions;
  uint16 val1,val2;
  // 读取芯片内部温度和电源电压
  pData[SENSOR_TEMP_OFFSET] = readTemp();
  pData[SENSOR_VOLTAGE_OFFSET] = readinVoltage();
  // 读取父节点地址
  pData[SENSOR_PARENT_OFFSET] = LO_UINT16(parentShortAddr);
  pData[SENSOR_PARENT_OFFSET+ 1] = HI_UINT16(parentShortAddr);
  // 传感数据
  pData[SENSOR_DATA_OFFSET+0]=LOG_TYPE;      // 逻辑类型
  pData[SENSOR_DATA_OFFSET+1]=serl;           // 传感器编号低位
  pData[SENSOR_DATA_OFFSET+2]=serh;           // 传感器编号高位
  pData[SENSOR_DATA_OFFSET+3]=Dtype;          // 传感器类型
  // 获取传感值
  readsensor(Dtype,&val1,&val2);
  pData[SENSOR_VAL_OFFSET+0]=LO_UINT16(val1);
  pData[SENSOR_VAL_OFFSET+1]=HI_UINT16(val1);
  pData[SENSOR_VAL_OFFSET+2]=LO_UINT16(val2);
  pData[SENSOR_VAL_OFFSET+3]=HI_UINT16(val2);
  // 通过 ZigBee 无线发送
  // Set ACK request on each ACK_INTERVAL report
  // If a report failed, set ACK request on next report
  if ( ++reportNr<ACK_REQ_INTERVAL && reportFailureNr==0 )
  {
    txOptions = AF_TX_OPTIONS_NONE;
  }
  else
  {
    txOptions = AF_MSG_ACK_REQUEST;
    reportNr = 0;
  }
#if defined UART_LOOK
  //HalUARTWrite(HAL_UART_PORT_0, pData,SENSOR_LENGTH+4);
  uart_printf(" 类型：0x%02x, 传感数值： %d, %d\r\n", Dtype, val1,val2);
#endif
  // Destination address 0xFFFE: Destination address is sent to previously
  // established binding for the commandId.
  zb_SendDataRequest( 0xFFFE, SENSOR_REPORT_CMD_ID, SENSOR_LENGTH+4, pData, 0, txOptions, 0 );
```

}

/***************************************************************************
 * @fn          calcFCS
 *
 * @brief       This function calculates the FCS checksum for the serial message
 *
 * @param       pBuf - Pointer to the end of a buffer to calculate the FCS.
 *              len - Length of the pBuf.
 *
 * @return      The calculated FCS.
 ***************************************************************************
 */
```c
static uint8 calcFCS(uint8 *pBuf, uint8 len)
{
  uint8 rtrn = 0;

  while (len--)
  {
    rtrn ^= *pBuf++;
  }

  return rtrn;
}
```

/***************************************************************************
 * @fn          readTemp
 *
 * @brief       read temperature from ADC
 *
 * @param       none
 *
 * @return      temperature
 */
```c
static int8 readTemp(void)
{
  static uint16 voltageAtTemp22;
  static uint8 bCalibrate=TRUE; // Calibrate the first time the temp sensor is read
  uint16 value;
  int8 temp1;


  ATEST = 0x01;
  TR0  |= 0x01;
```

```
/* Clear ADC interrupt flag */
ADCIF = 0;

ADCCON3 = (HAL_ADC_REF_125V | HAL_ADC_DEC_512 | HAL_ADC_CHN_TEMP);

/* Wait for the conversion to finish */
while ( !ADCIF );

/* Get the result */
value = ADCL;
value |= ((uint16) ADCH) << 8;

// Use the 12 MSB of adcValue
value >>= 4;

/*
 * These parameters are typical values and need to be calibrated
 * See the datasheet for the appropriate chip for more details
 * also, the math below may not be very accurate
 */
  /* Assume ADC = 1480 at 25C and ADC = 4/C */
#define VOLTAGE_AT_TEMP_25      1480
#define TEMP_COEFFICIENT        4

// Calibrate for 22C the first time the temp sensor is read.
// This will assume that the demo is started up in temperature of 22C
if(bCalibrate) {
  voltageAtTemp22=value;
  bCalibrate=FALSE;
}
ATEST = 0x00;
TR0 &= ~0x01;   // 要清，否则会影响 P0_1
temp1 = 25 + ( (value - voltageAtTemp22) / TEMP_COEFFICIENT );
//temp1=temp;
// Set 0C as minimum temperature, and 100C as max
return temp1;

// Only CC2530 is supported

}

/************************************************************************
 * @fn        readinVoltage
 *
 * @brief     read voltage from ADC intel
```

```c
*
* @param   none
*
* @return  voltage
*/
static uint8 readinVoltage(void)
{

  uint16 value;

  // Clear ADC interrupt flag
  ADCIF = 0;

  ADCCON3 = (HAL_ADC_REF_125V | HAL_ADC_DEC_128 | HAL_ADC_CHN_VDD3);

  // Wait for the conversion to finish
  while ( !ADCIF );

  // Get the result
  value = ADCL;
  value |= ((uint16) ADCH) << 8;


  // value now contains measurement of Vdd/3
  // 0 indicates 0V and 32767 indicates 1.25V
  // voltage = (value*3*1.15)/32767 volts
  // we will multiply by this by 10 to allow units of 0.1 volts
  value = value >> 6;   // divide first by 2^6
  value = (uint16)(value * 34.5);
  value = value >> 9;   // ...and later by 2^9...to prevent overflow during multiplication

  return value;

}
```

（3）路由器部分源代码。

/*******************************************************************
    Filename:       DemoCollector.c

    Description:    Collector application for the Sensor Demo utilizing Simple API.

                    The collector node can be set in a state where it accepts
                    incoming reports from the sensor nodes, and can send the reports
                    via the UART to a PC tool. The collector node in this state

functions as a gateway. The collector nodes that are not in the
gateway node function as routers in the network.

Copyright 2009 Texas Instruments Incorporated. All rights reserved.

IMPORTANT: Your use of this Software is limited to those specific rights
granted under the terms of a software license agreement between the user
who downloaded the software, his/her employer (which must be your employer)
and Texas Instruments Incorporated (the "License").  You may not use this
Software unless you agree to abide by the terms of the License. The License
limits your use, and you acknowledge, that the Software may not be modified,
copied or distributed unless embedded on a Texas Instruments microcontroller
or used solely and exclusively in conjunction with a Texas Instruments radio
frequency transceiver, which is integrated into your product.  Other than for
the foregoing purpose, you may not use, reproduce, copy, prepare derivative
works of, modify, distribute, perform, display or sell this Software and/or
its documentation for any purpose.

YOU FURTHER ACKNOWLEDGE AND AGREE THAT THE SOFTWARE AND DOCUMENTATION
ARE PROVIDED "AS IS". WITHOUT WARRANTY OF ANY KIND, EITHER EXPRESS OR IMPLIED,
INCLUDING WITHOUT LIMITATION, ANY WARRANTY OF MERCHANTABILITY, TITLE,
NON-INFRINGEMENT AND FITNESS FOR A PARTICULAR PURPOSE. IN NO EVENT SHALL
TEXAS INSTRUMENTS OR ITS LICENSORS BE LIABLE OR OBLIGATED UNDER CONTRACT,
NEGLIGENCE, STRICT LIABILITY, CONTRIBUTION, BREACH OF WARRANTY, OR OTHER
LEGAL EQUITABLE THEORY ANY DIRECT OR INDIRECT DAMAGES OR EXPENSES
INCLUDING BUT NOT LIMITED TO ANY INCIDENTAL, SPECIAL, INDIRECT, PUNITIVE
OR CONSEQUENTIAL DAMAGES, LOST PROFITS OR LOST DATA, COST OF PROCUREMENT
OF SUBSTITUTE GOODS, TECHNOLOGY, SERVICES, OR ANY CLAIMS BY THIRD PARTIES
(INCLUDING BUT NOT LIMITED TO ANY DEFENSE THEREOF), OR OTHER SIMILAR COSTS.

Should you have any questions regarding your right to use this Software,
contact Texas Instruments Incorporated at www.TI.com.
**************************************************************************/

/**************************************************************************
 * INCLUDES
 */

#include "ZComDef.h"
#include "OSAL.h"
#include "OSAL_Nv.h"
#include "sapi.h"
#include "hal_key.h"
#include "hal_led.h"
#include "hal_lcd.h"

```c
#include "hal_uart.h"
#include "DemoApp.h"

/***********************************************************************
 * CONSTANTS
 */

#define REPORT_FAILURE_LIMIT    4
#define ACK_REQ_INTERVAL    5       //each 5th packet is sent with ACK request

// General UART frame offsets
#define FRAME_SOF_OFFSET        0
#define FRAME_LENGTH_OFFSET     1
#define FRAME_CMD0_OFFSET       2
#define FRAME_CMD1_OFFSET       3
#define FRAME_DATA_OFFSET       4

// ZB_RECEIVE_DATA_INDICATION offsets
#define ZB_RECV_SRC_OFFSET      0
#define ZB_RECV_CMD_OFFSET      2
#define ZB_RECV_LEN_OFFSET      4
#define ZB_RECV_DATA_OFFSET     6
#define ZB_RECV_FCS_OFFSET      8

// ZB_RECEIVE_DATA_INDICATION frame length
#define ZB_RECV_LENGTH          15

// PING response frame length and offset
#define SYS_PING_RSP_LENGTH     7
#define SYS_PING_CMD_OFFSET     1

// Stack Profile
#define ZIGBEE_2007     0x0040
#define ZIGBEE_PRO_2007 0x0041

#ifdef ZIGBEEPRO
#define STACK_PROFILE  ZIGBEE_PRO_2007
#else
#define STACK_PROFILE  ZIGBEE_2007
#endif

#define CPT_SOP  0xFE
#define SYS_PING_REQUEST  0x0021
#define SYS_PING_RESPONSE 0x0161
#define ZB_RECEIVE_DATA_INDICATION  0x8746
```

```c
// Application States
#define APP_INIT  0
#define APP_START  2
#define APP_BINDED  3

// Application osal event identifiers
#define MY_START_EVT  0x0001
#define MY_REPORT_EVT  0x0002
#define MY_FIND_COLLECTOR_EVT  0x0004
#define MY_SEND_EVT  0x0008

/**************************************************************************
 * TYPEDEFS
 */
typedef struct
{
  uint16  source;
  uint16  parent;
  uint8  temp;
  uint8  voltage;
} gtwData_t;

/**************************************************************************
 * LOCAL VARIABLES
 */

static uint8 appState = APP_INIT;
static uint8 reportState = FALSE;
static uint8 myStartRetryDelay = 10;        // milliseconds
static uint8 isGateWay = FALSE;
static uint16 myBindRetryDelay = 2000;      // milliseconds
static uint16 myReportPeriod = 3580;        // milliseconds

static uint8 reportFailureNr =    0;
static uint16 parentShortAddr;
static gtwData_t gtwData;

/**************************************************************************
 * LOCAL FUNCTIONS
 */

static uint8 calcFCS(uint8 *pBuf, uint8 len);
static void sysPingReqRcvd(void);
static void sysPingRsp(void);
static void sendGtwReport(gtwData_t *gtwData);
static void sendDummyReport(void);
```

```c
/**************************************************************
 * GLOBAL VARIABLES
 */

// Inputs and Outputs for Collector device
#define NUM_OUT_CMD_COLLECTOR   2
#define NUM_IN_CMD_COLLECTOR    2

// List of output and input commands for Collector device
const cId_t zb_InCmdList[NUM_IN_CMD_COLLECTOR] =
{
  SENSOR_REPORT_CMD_ID,
  DUMMY_REPORT_CMD_ID
};

const cId_t zb_OutCmdList[NUM_IN_CMD_COLLECTOR] =
{
  SENSOR_REPORT_CMD_ID,
  DUMMY_REPORT_CMD_ID
};

// Define SimpleDescriptor for Collector device
const SimpleDescriptionFormat_t zb_SimpleDesc =
{
  MY_ENDPOINT_ID,            // Endpoint
  MY_PROFILE_ID,             // Profile ID
  DEV_ID_COLLECTOR,          // Device ID
  DEVICE_VERSION_COLLECTOR,  // Device Version
  0,                         // Reserved
  NUM_IN_CMD_COLLECTOR,      // Number of Input Commands
  (cId_t *) zb_InCmdList,    // Input Command List
  NUM_OUT_CMD_COLLECTOR,     // Number of Output Commands
  (cId_t *) zb_OutCmdList    // Output Command List
};

/**************************************************************
 * FUNCTIONS
 */

/**************************************************************
 * @fn        zb_HandleOsalEvent
 *
 * @brief     The zb_HandleOsalEvent function is called by the operating
 *            system when a task event is set
 *
```

```
 * @param      event - Bitmask containing the events that have been set
 *
 * @return     none
 */
void zb_HandleOsalEvent( uint16 event )
{
  uint8 logicalType;

  if(event & SYS_EVENT_MSG)
  {

  }

  if( event & ZB_ENTRY_EVENT )
  {
    // Initialise UART
    initUart(uartRxCB);

    // blind LED 1 to indicate starting/joining a network
    HalLedBlink ( HAL_LED_1, 0, 50, 500 );
    HalLedSet( HAL_LED_2, HAL_LED_MODE_OFF );

    // Read logical device type from NV
    zb_ReadConfiguration(ZCD_NV_LOGICAL_TYPE, sizeof(uint8), &logicalType);

    // Start the device
    zb_StartRequest();
  }

  if ( event & MY_START_EVT )
  {
    zb_StartRequest();
  }


  if ( event & MY_REPORT_EVT )
  {
    if (isGateWay)
    {
      osal_start_timerEx( sapi_TaskID, MY_REPORT_EVT, myReportPeriod );
    }
    else
    if (appState == APP_BINDED)
    {
      HAL_TOGGLE_LED1();
      sendDummyReport();
```

```c
      osal_start_timerEx( sapi_TaskID, MY_REPORT_EVT, myReportPeriod+(uint8)osal_rand() );
    }
  }
  if ( event & MY_FIND_COLLECTOR_EVT )
  {
    // Find and bind to a gateway device (if this node is not gateway)
    if (!isGateWay)
    {
      zb_BindDevice( TRUE, DUMMY_REPORT_CMD_ID, (uint8 *)NULL );
    }
    osal_start_timerEx( sapi_TaskID, MY_SEND_EVT, 1000 );
    HalLedSet( HAL_LED_4, HAL_LED_MODE_ON );
    HalLedSet( HAL_LED_3, HAL_LED_MODE_OFF );
    HalLedSet( HAL_LED_2, HAL_LED_MODE_OFF );
    HalLedSet( HAL_LED_1, HAL_LED_MODE_OFF );
  }
  if ( event & MY_SEND_EVT )
  {
      osal_set_event( sapi_TaskID, MY_REPORT_EVT );
      reportState = TRUE;

  }

}
/*****************************************************************************
 * @fn      zb_HandleKeys
 *
 * @brief   Handles all key events for this device.
 *
 * @param   shift - true if in shift/alt.
 * @param   keys - bit field for key events. Valid entries:
 *              EVAL_SW4
 *              EVAL_SW3
 *              EVAL_SW2
 *              EVAL_SW1
 *
 * @return  none
 */
void zb_HandleKeys( uint8 shift, uint8 keys )
{
  static uint8 allowBind=FALSE;
  static uint8 allowJoin=TRUE;
  uint8 logicalType;
  if ((!allowBind) && (appState== APP_START) )
      {
```

```c
        //allowBind=1;
        //HalLedSet( HAL_LED_4, HAL_LED_MODE_ON );
          // Turn ON Allow Bind mode infinitly
        // zb_AllowBind( 0xFF );
          //This node is the gateway node
          //isGateWay = TRUE;
          //zb_AllowBind( 0x00 );
          //isGateWay = FALSE;
          //zb_BindDevice( TRUE, DUMMY_REPORT_CMD_ID, (uint8 *)NULL );
      }

keys=0;
// Shift is used to make each button/switch dual purpose.
if ( shift )
{
  if ( keys & HAL_KEY_SW_1 )
  {
  }
  if ( keys & HAL_KEY_SW_2 )
  {
  }
  if ( keys & HAL_KEY_SW_3 )
  {
  }
  if ( keys & HAL_KEY_SW_4 )
  {
  }
}
else
{
  if ( keys & HAL_KEY_SW_1 )
  {
    if ( appState == APP_INIT )
    {
      // Key 1 starts device as a coordinator
      logicalType = ZG_DEVICETYPE_COORDINATOR;
      zb_WriteConfiguration(ZCD_NV_LOGICAL_TYPE, sizeof(uint8), &logicalType);

      // Reset the device with new configuration
      zb_SystemReset();
    }
  }
  if ( keys & HAL_KEY_SW_2 )
  {
    allowBind ^= 1;
    if (allowBind)
```

```
    {
      // Turn ON Allow Bind mode infinitly
      zb_AllowBind( 0xFF );
      HalLedSet( HAL_LED_2, HAL_LED_MODE_ON );
      //This node is the gateway node
      isGateWay = TRUE;

      // Update the display
      #if defined ( LCD_SUPPORTED )
      HalLcdWriteString( "Gateway Mode", HAL_LCD_LINE_2 );
      #endif
    }
    else
    {
      // Turn OFF Allow Bind mode infinitly
      zb_AllowBind( 0x00 );
      HalLedSet( HAL_LED_2, HAL_LED_MODE_OFF );
      isGateWay = FALSE;

      // Update the display
      #if defined ( LCD_SUPPORTED )
      HalLcdWriteString( "Collector", HAL_LCD_LINE_2 );
      #endif
    }
  }
  if ( keys & HAL_KEY_SW_3 )
  {
    // Start reporting
    osal_set_event( sapi_TaskID, MY_REPORT_EVT );
  }
  if ( keys & HAL_KEY_SW_4 )
  {
    // Key 4 is used to control which routers
    // that can accept join requests
    allowJoin ^= 1;
    if(allowJoin)
    {
     NLME_PermitJoiningRequest(0xFF);
    }
    else {
     NLME_PermitJoiningRequest(0);
    }
   }
  }
 }
}
```

```c
/****************************************************************
 * @fn          zb_StartConfirm
 *
 * @brief       The zb_StartConfirm callback is called by the ZigBee stack
 *              after a start request operation completes
 *
 * @param       status - The status of the start operation.  Status of
 *                       ZB_SUCCESS indicates the start operation completed
 *                       successfully.  Else the status is an error code.
 *
 * @return      none
 */
void zb_StartConfirm( uint8 status )
{
  // If the device sucessfully started, change state to running
  if ( status == ZB_SUCCESS )
  {
    // Set LED 1 to indicate that node is operational on the network
    HalLedSet( HAL_LED_1, HAL_LED_MODE_ON );

    // Update the display
    #if defined ( LCD_SUPPORTED )
    HalLcdWriteString( "SensorDemo", HAL_LCD_LINE_1 );
    HalLcdWriteString( "Collector", HAL_LCD_LINE_2 );
    #endif

    // Change application state
    appState = APP_START;

    // Set event to bind to a collector
    osal_set_event( sapi_TaskID, MY_FIND_COLLECTOR_EVT );

    // Store parent short address
    zb_GetDeviceInfo(ZB_INFO_PARENT_SHORT_ADDR, &parentShortAddr);

    zb_HandleKeys(0, 0 );
  }
  else
  {
    // Try again later with a delay
    osal_start_timerEx( sapi_TaskID, MY_START_EVT, myStartRetryDelay );
  }
}

/****************************************************************
 * @fn          zb_SendDataConfirm
```

```c
 *
 * @brief    The zb_SendDataConfirm callback function is called by the
 *           ZigBee stack after a send data operation completes
 *
 * @param    handle - The handle identifying the data transmission.
 *           status - The status of the operation.
 *
 * @return   none
 */
void zb_SendDataConfirm( uint8 handle, uint8 status )
{
  if ( status != ZB_SUCCESS && !isGateWay )
  {
    if ( ++reportFailureNr>=REPORT_FAILURE_LIMIT )
    {
      // Stop reporting
      osal_stop_timerEx( sapi_TaskID, MY_REPORT_EVT );

      // After failure reporting start automatically when the device
      // is binded to a new gateway
      reportState=TRUE;

      // Delete previous binding
      zb_BindDevice( FALSE, DUMMY_REPORT_CMD_ID, (uint8 *)NULL );

      // Try binding to a new gateway
      osal_set_event( sapi_TaskID, MY_FIND_COLLECTOR_EVT );
      reportFailureNr=0;
    }
  }
  else if ( !isGateWay )
  {
    reportFailureNr=0;
  }
}

/*****************************************************************************
 * @fn       zb_BindConfirm
 *
 * @brief    The zb_BindConfirm callback is called by the ZigBee stack
 *           after a bind operation completes.
 *
 * @param    commandId - The command ID of the binding being confirmed.
 *           status - The status of the bind operation.
 *
 * @return   none
```

```
*/
void zb_BindConfirm( uint16 commandId, uint8 status )
{
 if( status == ZB_SUCCESS )
  {
   appState = APP_BINDED;
   // Set LED2 to indicate binding successful
   HalLedSet ( HAL_LED_2, HAL_LED_MODE_ON );

   // After failure reporting start automatically when the device
   // is binded to a new gateway
   if ( reportState )
   {
    // Start reporting
    osal_set_event( sapi_TaskID, MY_REPORT_EVT );
   }
  }
  else
  {
   osal_start_timerEx( sapi_TaskID, MY_FIND_COLLECTOR_EVT, myBindRetryDelay );
  }
}

/*****************************************************************
 * @fn      zb_AllowBindConfirm
 *
 * @brief   Indicates when another device attempted to bind to this device
 *
 * @param
 *
 * @return   none
 */
void zb_AllowBindConfirm( uint16 source )
{

}

/*****************************************************************
 * @fn      zb_FindDeviceConfirm
 *
 * @brief   The zb_FindDeviceConfirm callback function is called by the
 *          ZigBee stack when a find device operation completes.
 *
 * @param   searchType - The type of search that was performed.
 *          searchKey - Value that the search was executed on.
 *          result - The result of the search.
```

```c
 *
 * @return   none
 */
void zb_FindDeviceConfirm( uint8 searchType, uint8 *searchKey, uint8 *result )
{
}


/**************************************************************************
 * @fn          zb_ReceiveDataIndication
 *
 * @brief       The zb_ReceiveDataIndication callback function is called
 *              asynchronously by the ZigBee stack to notify the application
 *              when data is received from a peer device.
 *
 * @param       source - The short address of the peer device that sent the data
 *              command - The commandId associated with the data
 *              len - The number of bytes in the pData parameter
 *              pData - The data sent by the peer device
 *
 * @return   none
 */
void zb_ReceiveDataIndication( uint16 source, uint16 command, uint16 len, uint8 *pData )
{
  gtwData.parent = BUILD_UINT16(pData[SENSOR_PARENT_OFFSET+ 1], pData[SENSOR_PARENT_OFFSET]);
  gtwData.source=source;
  gtwData.temp=*pData;
  gtwData.voltage=*(pData+1);

  // Flash LED 2 once to indicate data reception
  //HalLedSet ( HAL_LED_2, HAL_LED_MODE_FLASH );

  // Update the display
  #if defined ( LCD_SUPPORTED )
  HalLcdWriteScreen( "Report", "rcvd" );
  #endif

  // Send gateway report
  sendGtwReport(&gtwData);
}

/**************************************************************************
 * @fn          uartRxCB
 *
 * @brief       Callback function for UART
 *
```

```
* @param     port - UART port
*            event - UART event that caused callback
*
* @return    none
*/
void uartRxCB( uint8 port, uint8 event )
{
  uint8 pBuf[RX_BUF_LEN];
  uint16 cmd;
  uint16 len;
  EA=0;
  if ( event != HAL_UART_TX_EMPTY )
  {

    // Read from UART
    len = HalUARTRead( HAL_UART_PORT_0, pBuf, RX_BUF_LEN );

    if ( len>0 )
    {

      //HalUARTWrite(HAL_UART_PORT_0, pBuf, len);

      cmd = BUILD_UINT16(pBuf[SYS_PING_CMD_OFFSET+ 1], pBuf[SYS_PING_CMD_OFFSET]);

      if( (pBuf[FRAME_SOF_OFFSET] == CPT_SOP) && (cmd == SYS_PING_REQUEST) )
      {
        sysPingReqRcvd();
      }
      // 参数设置
      configset(pBuf,len, LOG_TYPE);

    }
  }
  EA=1;
}

/*************************************************************************
* @fn       sysPingReqRcvd
*
* @brief    Ping request received
*
* @param    none
*
* @return   none
*/
static void sysPingReqRcvd(void)
```

```c
{
  sysPingRsp();
}

/************************************************************************
 * @fn       sysPingRsp
 *
 * @brief    Build and send Ping response
 *
 * @param    none
 *
 * @return   none
 */
static void sysPingRsp(void)
{
  uint8 pBuf[SYS_PING_RSP_LENGTH];

  // Start of Frame Delimiter
  pBuf[FRAME_SOF_OFFSET] = CPT_SOP;

  // Length
  pBuf[FRAME_LENGTH_OFFSET] = 2;

  // Command type
  pBuf[FRAME_CMD0_OFFSET] = LO_UINT16(SYS_PING_RESPONSE);
  pBuf[FRAME_CMD1_OFFSET] = HI_UINT16(SYS_PING_RESPONSE);

  // Stack profile
  pBuf[FRAME_DATA_OFFSET] = LO_UINT16(STACK_PROFILE);
  pBuf[FRAME_DATA_OFFSET+ 1] = HI_UINT16(STACK_PROFILE);

  // Frame Check Sequence
  pBuf[SYS_PING_RSP_LENGTH - 1] = calcFCS(&pBuf[FRAME_LENGTH_OFFSET], (SYS_PING_RSP_LENGTH - 2));

  // Write frame to UART
  HalUARTWrite(HAL_UART_PORT_0,pBuf, SYS_PING_RSP_LENGTH);
}

/************************************************************************
 * @fn       sendGtwReport
 *
 * @brief    Build and send gateway report
 *
 * @param    none
 *
```

```c
 * @return    none
 */
static void sendGtwReport(gtwData_t *gtwData)
{
  uint8 pFrame[ZB_RECV_LENGTH];

  // Start of Frame Delimiter
  pFrame[FRAME_SOF_OFFSET] = CPT_SOP; // Start of Frame Delimiter

  // Length
  pFrame[FRAME_LENGTH_OFFSET] = 10;

  // Command type
  pFrame[FRAME_CMD0_OFFSET] = LO_UINT16(ZB_RECEIVE_DATA_INDICATION);
  pFrame[FRAME_CMD1_OFFSET] = HI_UINT16(ZB_RECEIVE_DATA_INDICATION);

  // Source address
  pFrame[FRAME_DATA_OFFSET+ ZB_RECV_SRC_OFFSET] = LO_UINT16(gtwData->source);
  pFrame[FRAME_DATA_OFFSET+ ZB_RECV_SRC_OFFSET+ 1] = HI_UINT16(gtwData->source);

  // Command ID
  pFrame[FRAME_DATA_OFFSET+ ZB_RECV_CMD_OFFSET] = LO_UINT16(SENSOR_REPORT_CMD_ID);
  pFrame[FRAME_DATA_OFFSET+ ZB_RECV_CMD_OFFSET+ 1] = HI_UINT16(SENSOR_REPORT_CMD_ID);

  // Length
  pFrame[FRAME_DATA_OFFSET+ ZB_RECV_LEN_OFFSET] = LO_UINT16(4);
  pFrame[FRAME_DATA_OFFSET+ ZB_RECV_LEN_OFFSET+ 1] = HI_UINT16(4);

  // Data
  pFrame[FRAME_DATA_OFFSET+ ZB_RECV_DATA_OFFSET] = gtwData->temp;
  pFrame[FRAME_DATA_OFFSET+ ZB_RECV_DATA_OFFSET+ 1] = gtwData->voltage;
  pFrame[FRAME_DATA_OFFSET+ ZB_RECV_DATA_OFFSET+ 2] = LO_UINT16(gtwData->parent);
  pFrame[FRAME_DATA_OFFSET+ ZB_RECV_DATA_OFFSET+ 3] = HI_UINT16(gtwData->parent);

  // Frame Check Sequence
  pFrame[ZB_RECV_LENGTH - 1] = calcFCS(&pFrame[FRAME_LENGTH_OFFSET], (ZB_RECV_LENGTH - 2) );

  // Write report to UART
  HalUARTWrite(HAL_UART_PORT_0,pFrame, ZB_RECV_LENGTH);
}

/***************************************************************
 * @fn          sendDummyReport
```

```c
*
* @brief    Send dummy report (used to visualize collector nodes on PC GUI)
*
* @param    none
*
* @return   none
*/
#define ROUTE_REPORT_LENGTH 5
static void sendDummyReport(void)
{
  uint8 pData[ROUTE_REPORT_LENGTH];
  static uint8 reportNr=0;
  uint8 txOptions;

  // dummy report data
  pData[SENSOR_TEMP_OFFSET] = 0xFF;
  pData[SENSOR_VOLTAGE_OFFSET] = 0xFF;

  pData[SENSOR_PARENT_OFFSET] = LO_UINT16(parentShortAddr);
  pData[SENSOR_PARENT_OFFSET+ 1] = HI_UINT16(parentShortAddr);
  pData[SENSOR_PARENT_OFFSET+ 2] = LOG_TYPE;   // 路由
  // Set ACK request on each ACK_INTERVAL report
  // If a report failed, set ACK request on next report
  if ( ++reportNr<ACK_REQ_INTERVAL && reportFailureNr==0 )
  {
    txOptions = AF_TX_OPTIONS_NONE;
  }
  else
  {
    txOptions = AF_MSG_ACK_REQUEST;
    reportNr = 0;
  }

  // Destination address 0xFFFE: Destination address is sent to previously
  // established binding for the commandId.
  zb_SendDataRequest( 0xFFFE, DUMMY_REPORT_CMD_ID, ROUTE_REPORT_LENGTH, pData, 0, txOptions, 0 );
}

/**************************************************************************
* @fn        calcFCS
*
* @brief     This function calculates the FCS checksum for the serial message
*
* @param     pBuf - Pointer to the end of a buffer to calculate the FCS.
*            len - Length of the pBuf.
```

```
 *
 * @return    The calculated FCS.
 ***************************************************************
 */
static uint8 calcFCS(uint8 *pBuf, uint8 len)
{
  uint8 rtrn = 0;

  while (len--)
  {
    rtrn ^= *pBuf++;
  }

  return rtrn;
}
```

编译过程中要注意编译文件的变化。首先编译协调器部分，如图 8-37 所示。

然后在 Workspace 下拉列表框中选择 Router 选项，编译的文件会发生变化，如图 8-38 所示。

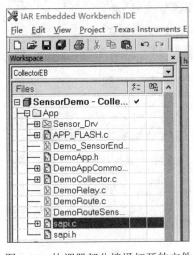
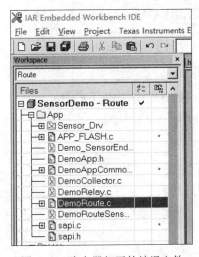

图 8-37　协调器部分编译打开的文件　　　　图 8-38　路由器打开的编译文件

如果是含有传感器的路由器编译时，则打开的文件如图 8-39 所示。

最后是两种不同终端的编译文件选项：第一种是传感器终端的编译文件选项，如图 8-40 所示；第二种是继电器终端，这种类型终端的编译文件打开选项如图 8-41 所示。

对应节点下载编译之后通电。其中协调器节点应当连接到计算机，并使用串口连接到计算机的串口（或者是使用 USB 转串口线连接到计算机的 USB 口），可以采用一个 ZigBee Sensor Monitor 软件来看到整个 ZigBee 网络的拓扑结构。这部分请读者自行实验。

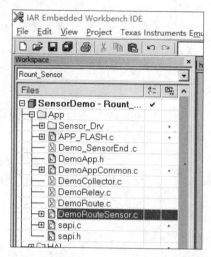

图 8-39　含有传感器的路由器打开的编译文件

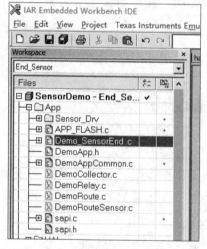

图 8-40　传感器类型的终端打开的编译文件

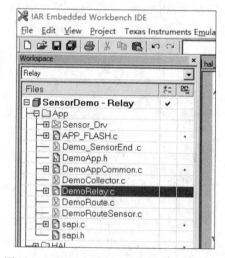

图 8-41　继电器类型的终端打开的编译文件

## 8.5　本章小结

本章简要描述了基于 Z-STACK 协议栈使用的全部过程，本章中的例子均可以实际运行，并能实际使用。考虑到读者使用的节点设备硬件结构可能有所区别，但应当都是基于 CC2531EMK 系列核心设计改变而成，因此本章中的大部分例子至少部分是可以使用的。这里主要是指核心组网部分一定是能够使用的，因此可以对初步了解 Z-STACK 协议栈有参考意义。当然，如果希望进行深度开发，例如进行 HAL 层等的开发、网络管理等工作，还需要对 Z-STACK 协议栈进行更加深入的研究，实际上作者推荐读者深入读懂 Z-STACK 协议栈里面的文档，这对深入研究这部分内容将非常有帮助。

8.1 节简要介绍了 Z-STACK 协议栈及其相关知识，重点介绍了如何通过 TI 公司的官方网站找到对应的资源，包括协议栈源代码、EMK 评估板、开发工具等，对协议栈的文件组织结构也进行了简单的描述。

8.2 节通过一个直接修改协议栈源代码的例子来演示如何通过修改协议栈源代码去适应一个新节点的工作，并初步演示了整个修改源代码与通信的全部过程。

8.3 节完整介绍了一个基于 Zstack 协议栈实现的、点对点通信的简单例子。通过这个例子读者可以很容易地使用协议栈实现两个目标：一是点对点通信；二是星型网络。

8.4 节给出了一个自组网的例子，以帮助读者进行简要分析。

考虑到协议复杂性问题，本教材未对协议进行深入分析，而是将重点放在节点中处理器内部模块的驱动部分，这有助于基本技术水平的提高。本章还对 Z-STACK 协议栈的基础知识进行详细介绍，为后续深入学习协议栈打下基础。

练习1：请同学们自行仿照 8.2 节和 8.3 节的实验实现本章的两个重要实验，并将整个实验过程写成一份详细的过程性总结文档。

练习2：参考 8.2 节的点对点通信，参考协议栈中的源代码或是教材提供的源代码实现无线串口，并将整个过程编写成一份综合技术文档。

练习3：参考 8.3 节的介绍并参考协议栈源代码或是教材提供的源代码实现四个节点：一个协调器、一个路由器、一个传感器终端、一个继电器终端的自组织网络，并将整个过程编写成一份综合技术文档。

# 参考文献

[1] 綦志勇，常排排．传感器与综合控制技术 [M]．北京：中国水利水电出版社，2016．

[2] 王小强等．ZigBee 无线传感器网络设计与实现 [M]．北京：化学工业出版社，2012．

[3] 廖建尚．物联网开发与应用——基于 ZigBee、Simplici TI、低功率蓝牙、Wi-Fi 技术 [M]．北京：电子工业出版社，2017．

[4] 姜仲，刘丹．ZigBee 技术与实训教程——基于 CC2530 的无线传感网技术 [M]．北京：清华大学出版社，2013．

[5] QST 青软实训．ZigBee 技术开发——Z-Stack 协议栈原理及应用 [M]．北京：清华大学出版社，2016．

[6] 潘炜．传感器与检测技术综合实验课程设计、实验技术与管理 [J]．2015.11，Vol32，No11：218-230．

[7] 沈苏彬，毛燕琴，范曲立，宗平，黄维．物联网概念模型与体系结构．南京：南京邮电大学学报（自然科学版）[J]，2010.8，Vol30，No4：1-8．

[8] 荣国平，刘天宇，谢明娟，陈婕妤，张贺，陈道蓄．嵌入式系统开发中敏捷方法的应用研究综述，软件学报 [J]．2012，Vol11：267-283．

[9] Robert Wagner, Nasa Technical Reports Se. Jsc Wireless Sensor Network Update[M]. BiblioGov，2013．

[10] Phoha，Sensor Network Operations[M]. Wiley-IEEE Press，2006．

[11] William K.Cheung, Jiming Liu, Kevin H.Tsang, Raymond K.Wong, Dynamic Resource Selection For Service Composition in The Grid[C].IEEE/WIC/ACM International Coference on Web Intelligence(WI'04).IEEE Press.2004:412-418.